畜禽粪污资源化利用技术丛书

畜禽粪肥检测
技术指南

全国畜牧总站　中国饲料工业协会
国家畜禽养殖废弃物资源化利用科技创新联盟　组编

中国农业出版社

图书在版编目（CIP）数据

畜禽粪肥检测技术指南 / 全国畜牧总站，中国饲料工业协会，国家畜禽养殖废弃物资源化利用科技创新联盟组编. — 北京：中国农业出版社，2017.11
（畜禽粪污资源化利用技术丛书）
ISBN 978-7-109-23437-6

Ⅰ．①畜…　Ⅱ．①全…②中…③国…　Ⅲ．①畜禽–粪便检验–指南　Ⅳ．①S854.4-62

中国版本图书馆CIP数据核字（2017）第251715号

中国农业出版社出版
（北京市朝阳区麦子店街18号楼）
（邮政编码100125）
责任编辑　周锦玉

北京中科印刷有限公司印刷　　新华书店北京发行所发行
2017年11月第1版　　2017年11月北京第1次印刷

开本：850mm×1168mm　1/32　印张：5.25
字数：106千字
定价：20.00元
（凡本版图书出现印刷、装订错误，请向出版社发行部调换）

　　近年来，我国畜牧业持续稳定发展，规模化养殖水平显著提高，保障了肉、蛋、奶供给，但大量养殖废弃物没有得到有效处理和利用，成为环境治理的一大难题。习近平总书记在2016年12月21日主持召开的中央财经领导小组第十四次会议上明确指出，"加快推进畜禽养殖废弃物处理和资源化，关系6亿多农村居民生产生活环境，关系农村能源革命，关系能不能不断改善土壤地力、治理好农业面源污染，是一件利国利民利长远的大好事。"

　　为深入贯彻落实习近平总书记重要讲话精神，落实《畜禽规模养殖污染防治条例》和国务院有关重要文件精神，加快构建种养结合、农牧循环的可持续发展新格局，做好源头减量、过程控制、末端利用三条治理路径的基础研究和科技支撑工作，有力促进畜禽养殖废弃物处理与资源化利用，国家畜禽养殖废弃物资源化利用科技创新联盟组织国内相关领域的专家编写了《畜禽粪污资源化利用技术丛书》。

　　本套丛书包括《养殖饲料减排技术指南》《养殖节水减排技术指南》《畜禽粪肥检测技术指南》《微生

物应用技术指南》《土地承载力测算技术指南》《碳排放量化评估技术指南》《粪便好氧堆肥技术指南》《粪水资源利用技术指南》《沼气生产利用技术指南》9个分册。

本书为《畜禽粪肥检测技术指南》，可为养殖业和种植业相关从业者了解畜禽粪肥样品检测技术，选择适当方法，检测畜禽粪肥及其加工产物养分和有害物质，科学评价畜禽粪肥高效处理和资源化利用技术提供指导；也可供农业资源利用、畜牧学、环境与生态学等领域的教师和学生参考使用。

书中不妥之处在所难免，敬请读者批评指正。

编　者

2017年7月

目　录
CONTENTS

A 畜禽粪肥 水分含量的测定

A.1 范围

本节规定了畜禽粪肥测定水分含量的试验方法。

本节适用于畜禽粪肥固体样品的测定，其中风干水分的测定适用于因水分含量较高而无法缩分和研磨过筛的样品。

A.2 样品采集和试样制备

A.2.1 样品采集

将所采样品置于洁净、干燥的容器中，迅速混匀。取样品约1kg，装入洁净、干燥容器中，密封并贴上标签，注明样品名称、采样地点、采样日期、采样人姓名等。

A.2.2 试样制备

将样品缩分至约100g，迅速研磨至全部通过0.50mm孔径试验筛，混合均匀，置于洁净、干燥容器中。对于因水分含量较高而无法缩分和研磨过筛的样品，需经风干（此过程可同步进行风干水分含量测定，具体按本节A.4规定执行）后再进行试样制备。

A.3 烘干水分含量的测定

A.3.1 仪器和设备

A.3.1.1 通常实验室仪器。

A.3.1.2 电热恒温干燥箱：温度可控制在（105±2）℃。

A.3.1.3 称量瓶：容积不小于50mL，具盖。或铝盒、瓷坩埚等其他相当者。

A.3.2 分析步骤

称取试样2g～3g（精确至0.001g），平铺于已预先干燥并烘至恒重的称量瓶中，在（105±2）℃电热恒温干燥箱（A.3.1.2）内烘8 h。取出后放入干燥器中冷却至室温，称量。

注：若使用瓷坩埚盛放试样，此步骤可结合有机物总量的测定同步完成。

A.3.3 分析结果的表述

烘干水分含量以质量分数x_1计，数值以百分率表示，按式（A.1）计算：

$$x_1 = \frac{m_1 - m_2}{m_1} \times 100\% \qquad （A.1）$$

式中：m_1 —— 烘干前试料的质量，单位为克（g）；

m_2 —— 烘干后试料的质量，单位为克（g）。

取平行测定结果的算术平均值为测定结果，结果保留到小数点后2位。

A.4　风干水分含量的测定

A.4.1 仪器和设备

通常实验室仪器。

A.4.2 分析步骤

将样品置于适当的容器中，用分析天平迅速称量（精确至0.01g），然后置于通风良好的干燥环境中充分风干后，再次称量。

注：此步骤可结合试样制备前的风干过程同步进行。

A.4.3 分析结果的表述

风干水分含量以质量分数x_0计，数值以百分率表示，按式（A.2）计算：

$$x_0 = \frac{m_0 - m_1}{m_0} \times 100\% \qquad （A.2）$$

式中：m_0 —— 风干前试料的质量，单位为克（g）；

m_1 —— 风干后试料的质量，单位为克（g）。

结果保留到小数点后2位。

B　畜禽粪肥　有机质分级测定

B.1　范围

本节规定了相关术语、有机质分级以及测定易氧化有机质含量、有机质含量、有机物总量和灰分含量的试验方法。

本节适用于畜禽粪肥固体样品的测定。

B.2　术语和定义

下列术语和定义适用于本文件。

B.2.1　有机物料organic materials

有机物料指以植物、动物残体或排泄物等废弃物为主要成分的含碳物料。

B.2.2　易氧化有机质含量content of readily oxidizable organic matters

易氧化有机质含量指用定量高锰酸钾溶液氧化试样中的有机碳，根据在一定波长下测定的吸光度值计算有机碳含量，再经碳系数换算得出的成分含量（质量分数）。

B.2.3　有机质含量content of organic matters

有机质含量指用定量重铬酸钾-硫酸溶液氧化试样中的有机碳，再用硫酸亚铁标准滴定溶液进行返滴定。根据氧化剂和滴定溶液消耗量计算有机碳含量，经碳系数换算得出的成分含量（质量分数）。

B.2.4 有机物总量 total content of organic materials

有机物总量指经高温灼烧除去有机物，根据灼烧后灰分质量计算得出的成分含量（质量分数）。

B.3 有机质分级

将畜禽粪肥中的有机成分分为易氧化有机质、有机质、有机物三级。

——有机物总量与灰分含量相对应，有机物总量高则灰分含量低，有机物总量低则灰分含量高。

——易氧化有机质含量和有机质含量高低表示有机物料特性及发酵降解程度高低。

B.4 样品采集和试样制备

B.4.1 样品采集

将所采样品置于洁净、干燥的容器中，迅速混匀。取样品约1kg，装入洁净、干燥容器中，密封并贴上标签，注明样品名称、采样地点、采样日期、采样人姓名等。

B.4.2 试样制备

将样品缩分至约100g，迅速研磨至全部通过0.50mm孔径试验筛，混合均匀，置于洁净、干燥容器中。对于因水分含量较高而无法缩分和研磨过筛的样品，需经风干（可结合风干水分含量测定同步进行）后再进行试样制备。

B.5 易氧化有机质含量的测定

B.5.1 试剂和材料

所用试剂、水和溶液的配制，在未注明规格和配制方法时，均应按HG/T 3696规定执行。

B.5.1.1 高锰酸钾溶液：c（1/5 KMnO$_4$）= 0.333mol/L。称取高锰酸钾10.476 2g，溶于1 050mL水中，缓缓煮沸15min，冷却后置于暗处，2周后用去CO$_2$水定容到1 000mL，摇匀后再用4号垂熔玻璃滤器过滤于干燥的棕色瓶中。若保存期超过3个月，使用前需再次过滤。

注：过滤高锰酸钾溶液不能用滤纸等有机滤材，所用的玻璃滤器应预先以同样的高锰酸钾溶液缓缓煮沸5min。收集瓶也应用此高锰酸钾溶液洗涤2次~3次。

B.5.2 仪器和设备

B.5.2.1 通常实验室仪器。

B.5.2.2 分光光度计，配1 cm石英比色皿。

B.5.2.3 振荡器。

B.5.2.4 转速可达4 000r/min的离心机：配有50mL聚四氟乙烯或圆底玻璃离心管。

B.5.3 分析步骤

B.5.3.1 试样溶液的制备

称取试样0.1g~0.5g（精确至0.000 1g，碳含量不超过75mg）于100mL具塞锥形瓶中，加入25mL高锰酸钾溶液（B.5.1.1），在室温下于振荡器（B.5.2.3）上振荡60min（振荡频率以瓶内试样能自由翻动即可）。将试样转移至离心管，在离心机（B.5.2.4）上以 3 000 r/min ~ 4 000r/min的转速离心10min，上清液待测。

B.5.3.2 测定

吸取1mL上清液到250mL容量瓶中，定容，摇匀后在分光光度计565nm波长下测量吸光度。

同时作空白试验。空白试验除不加试样外，其余同试样溶液的制备与测定。

B.5.4 分析结果的表述

样品中易氧化有机质含量以质量分数w_1计，数值以百分率表示，按式(B.3)计算；若以风干基或烘干基计，按式（B.1）或（B.2）计算：

$$w_1(风干基) = \cfrac{\cfrac{A_0 - A}{A_0} \times 0.333 \times 25 \times 9 \times 1.724 \times 10^{-3}}{m} \times 100\%$$

$$= \frac{(A_0 - A) \times 0.1292}{A_0 m} \times 100\% \qquad （B.1）$$

$$w_1(烘干基) = \frac{(A_0 - A) \times 0.1292}{A_0 m (1 - x_1)} \times 100\% \qquad （B.2）$$

$$w_1(样品) = w_1(风干基) \times (1 - x_0) \qquad （B.3）$$

式中：A_0 —— 空白试验时，测得的吸光度值；

A —— 测定试样时，测得的吸光度值；

0.333 —— 高锰酸钾溶液的浓度，单位为摩尔每升（mol/L）；

25 —— 高锰酸钾溶液的体积，单位为毫升（mL）；

9 —— 与1.00mL高锰酸钾溶液[c（1/5KMnO$_4$）=1.000 mol/L]相当的以毫克表示的碳的质量；

1.724 —— 有机碳换算为有机质的系数；

10^{-3} —— 毫克换算为克的系数；

m —— 试料的质量，单位为克（g）；

x_1 —— 烘干水分的质量分数（%）；

x_0 —— 风干水分的质量分数（%）。

取平行测定结果的算术平均值为测定结果，结果保留3位有效数字。

B.6 有机质含量的测定

B.6.1 试剂和材料

所用试剂、水和溶液的配制，在未注明规格和配制方法时，均应按HG/T 3696规定执行。

B.6.1.1 重铬酸钾，工作基准。

B.6.1.2 硫酸。

B.6.1.3 邻菲啰啉指示剂：称取邻菲啰啉1.490 g溶于含有0.700 g硫酸亚铁的100 mL水溶液中。密闭保存于棕色瓶中。

B.6.1.4 重铬酸钾溶液：c（1/6 $K_2Cr_2O_7$）= 1mol/L。称取重铬酸钾49.031g，溶于500mL水中（必要时可加热溶解），冷却后，定容到1L，摇匀。

B.6.1.5 重铬酸钾标准溶液：c（1/6 $K_2Cr_2O_7$）=0.2000mol/L。称取经120℃烘至恒重的重铬酸钾基准试剂（B.6.1.1）9.807g，用水溶解，定容至1L；

B.6.1.6 硫酸亚铁标准滴定溶液：c（$FeSO_4$）=0.2mol/L。称取硫酸亚铁56g溶于600mL～800mL蒸馏水中，加入20mL硫酸（B.6.1.2），定容至1L，贮于棕色瓶中。硫酸亚铁溶液在空气中易被氧化，使用时应标定其浓度。

硫酸亚铁标准溶液的标定：吸取20mL重铬酸钾标准溶液

（B.6.1.5）于200 mL锥形瓶中，加入3 mL硫酸（B.6.1.2）和邻菲啰啉指示剂（B.6.1.3）3滴~5滴，用硫酸亚铁标准滴定溶液滴定，根据消耗的体积，按式（B.4）计算硫酸亚铁标准滴定溶液的浓度c_2。

$$c_2 = \frac{c_1 \cdot V_1}{V_2} \qquad （B.4）$$

式中： c_1 —— 重铬酸钾标准溶液的浓度，单位为摩尔每升（mol/L）;

　　　　V_1 —— 重铬酸钾标准溶液的体积，单位为毫升（mL）;

　　　　V_2 —— 滴定时消耗的硫酸亚铁标准滴定溶液的体积，单位为毫升（mL）。

B.6.2 仪器和设备

B.6.2.1 通常实验室仪器。

B.6.2.2 温度可达300℃的电砂浴或具有相同功效的其他加热装置。

B.6.2.3 磨口锥形瓶：200mL。

B.6.2.4 与磨口锥形瓶配套使用的磨口简易空气冷凝管：直径约1cm，长约20cm。

B.6.3 分析步骤

B.6.3.1 氧化

称取试样0.05 g~0.3 g（精确至0.000 1 g）于磨口锥形瓶中，加入25.0 mL重铬酸钾溶液（B.6.1.4）和25.0 mL硫酸（B.6.1.2）。将锥形瓶与简易空气冷凝管连接，置于已预热到200℃~230℃的电砂浴上加热。当简易空气冷凝管下端落下第一滴冷凝液时，开始计时，氧化（10±0.5）min。取下锥形瓶，冷却。用水冲洗冷凝管内壁后全部转入250 mL容量瓶中，定容待测。

注：若使用油浴、孔状电加热装置进行氧化，需保证加热玻璃仪器露出热源部分至少20 cm，并加盖弯颈漏斗。

B.6.3.2 滴定

吸取50.0 mL待测液于200 mL锥形瓶中，加水使锥形瓶中溶液体积约为120 mL。再加入3滴~5滴邻菲啰啉指示剂（B.6.1.3），用硫酸亚铁标准滴定溶液（B.6.1.6）滴定剩余的重铬酸钾。溶液的变色过程经橙黄→蓝绿→棕红，即达终点。若滴定所消耗的体积不到滴定空白所消耗体积的1/3时，则应减少试样称样量，重新测定。

B.6.3.3 空白试验

除不加试样外，其他步骤同试样的测定。两次空白试验的滴定体积绝对差值≤0.06 mL时，才可取平均值，代入计算公式。

B.6.4 分析结果的表述

样品中有机质含量以质量分数w_2计，数值以百分率表示，按式(B.7)计算；若以风干基或烘干基计，按式（B.5）或（B.6）计算：

$$w_2（风干基）= \frac{(V_1 - V_2)cD \times 0.003 \times 1.724}{m} \times 100\% \quad （B.5）$$

$$w_2（烘干基）= \frac{(V_1 - V_2)cD \times 0.003 \times 1.724}{m(1 - x_1)} \times 100\% \quad （B.6）$$

$$w_2（样品）= w_2（风干基）\times (1 - x_0) \quad （B.7）$$

式中：V_1 —— 测定空白时，消耗的硫酸亚铁标准滴定溶液的体积，单位为毫升（mL）；

V_2 —— 测定试样时，消耗的硫酸亚铁标准滴定溶液的体积，单位为毫升（mL）；

c —— 硫酸亚铁标准滴定溶液的浓度，单位为摩尔每升

（mol/L）；

D —— 测定时试样溶液的稀释倍数；

0.003 —— 与1.00mL硫酸亚铁标准滴定溶液[$c(FeSO_4)$=1.000 mol/L]相当的以克表示的碳的质量；

1.724 —— 有机碳换算为有机质的系数；

m —— 试料的质量，单位为克（g）；

x_1 —— 烘干水分的质量分数（%）；

x_0 —— 风干水分的质量分数（%）。

取平行测定结果的算术平均值为测定结果，结果保留3位有效数字。

B.7 有机物总量和灰分含量的测定

B.7.1 仪器和设备

B.7.1.1 通常实验室仪器。

B.7.1.2 高温电炉：温度可控制在（525±10）℃。

B.7.1.3 瓷坩埚或镍坩埚：容积50 mL，具盖。

B.7.2 分析步骤

B.7.2.1 将坩埚（B.7.1.3）放入高温电炉（B.7.1.2）（坩埚盖斜放），在（525±10）℃下灼烧30 min。取出后移入干燥器中平衡30 min，称量。再放入高温电炉（B.7.1.2）在（525±10）℃灼烧10 min。取出，同上条件冷却、称量，直至两次质量之差小于0.5 mg，即恒重。

B.7.2.2 称取试样2 g～3 g，精确至0.001 g，平铺于已知质量的坩埚（B.7.1.3）中，在电炉上缓慢碳化（坩埚盖斜放），先在较低温度下灼烧至无烟，然后升高温度灼烧使试料呈灰白色，再放入高温电炉（B.7.1.2）内（坩埚盖斜放），于（525±10）℃灼烧6h。取出后移入干燥器中平衡，称量。

注：平铺于坩埚中的试料在碳化前，可增加烘干、称重等步骤，同步完成水分含量测定。

B.7.3 分析结果的表述

B.7.3.1 有机物总量

样品中有机物总量以质量分数w_3计，数值以百分率表示，按式(B.10)计算；若以风干基或烘干基计，按式（B.8）或（B.9）计算：

$$w_3（风干基）= \frac{m_1 - m_2}{m} \times 100\% \qquad （B.8）$$

$$w_3（烘干基）= \frac{m_1 - m_2}{m(1 - x_1)} \times 100\% \qquad （B.9）$$

$$w_3（样品）= w_3（风干基）\times (1 - x_0) \qquad （B.10）$$

式中：m_1 —— 灼烧前坩埚及内容物质量，单位为克（g）；

m_2 —— 灼烧后坩埚及内容物质量，单位为克（g）；

m —— 试料的质量，单位为克（g）；

x_1 —— 烘干水分的质量分数（%）；

x_0 —— 风干水分的质量分数（%）。

取平行测定结果的算术平均值为测定结果，结果保留3位有效数字。

B.7.3.2 灰分含量

样品中灰分含量以质量分数w_4计，数值以百分率表示，按式(B.13)计算；若以风干基或烘干基计，按式（B.11）或（B.12）计算：

$$w_4(\text{风干基}) = \frac{m_2 - m_0}{m} \times 100\% \qquad (\text{B.11})$$

$$w_4(\text{烘干基}) = \frac{m_2 - m_0}{m(1 - x_1)} \times 100\% \qquad (\text{B.12})$$

$$w_4(\text{样品}) = w_4(\text{风干基}) \times (1 - x_0) \qquad (\text{B.13})$$

式中：m_2 —— 灼烧后坩埚及内容物质量，单位为克（g）；

m_0 —— 坩埚的质量，单位为克（g）；

m —— 试料的质量，单位为克（g）；

x_1 —— 烘干水分的质量分数（%）；

x_0 —— 风干水分的质量分数（%）。

取平行测定结果的算术平均值为测定结果，结果保留3位有效数字。

C 畜禽粪肥 全氮含量的测定

C.1 范围

本节规定了畜禽粪肥中全氮含量测定的试验方法。

本节适用于畜禽粪肥样品全氮含量的测定。

C.2 蒸馏后滴定法

C.2.1 方法原理

样品中的有机氮经硫酸-过氧化氢消煮，转化为铵态氮。碱化后蒸馏出来的氮用硼酸溶液吸收，以标准酸溶液滴定，计算样品中全氮含量。

C.2.2 试剂和材料

C.2.2.1 硫酸（ρ1.84）。

C.2.2.2 30%过氧化氢。

C.2.2.3 氢氧化钠溶液：质量浓度为40%的溶液。

称取40g氢氧化钠溶于100mL水中。

C.2.2.4 2%（m/V）硼酸溶液：称取20g硼酸溶于水中，稀释至1L。

C.2.2.5 定氮混合指示剂：称取0.5g溴甲酚绿和0.1g甲基红溶于100mL 95%乙醇中。

C.2.2.6 硼酸-指示剂混合液，每升2%硼酸（C.2.2.4）溶液中加入20mL定氮混合指示剂（C.2.2.5）并用稀碱或稀酸调至红紫色（pH约4.5）。此溶液放置时间不宜过长，如在使用过程中pH有变化，需随时用稀碱或稀酸调节。

C.2.2.7 硫酸 [c（1/2H$_2$SO$_4$）＝0.05mol/L] 或盐酸 [c（HCl）＝0.05mol/L] 标准溶液。

C.2.3 仪器和设备

实验室常用仪器设备和定氮蒸馏装置或凯氏定氮仪。

C.2.4 分析步骤

C.2.4.1 试样溶液制备

称取试样0.5g～1.0g（精确至0.000 1g），置于开氏烧瓶底部，用少量水冲洗沾附在瓶壁上的试样，加5mL硫酸（C.2.2.1）和1.5mL过氧化氢（C.2.2.2），小心摇匀，瓶口放一弯颈小漏斗，放置过夜。在可调电炉上缓慢升温至硫酸冒烟，取下，稍冷加15滴过氧化氢，轻轻摇动开氏烧瓶，加热10min，取下，稍冷后再加5滴～10滴过氧化氢并分次消煮，直至溶液呈无色或淡黄色清液后，继续加热10min，除尽剩余的过氧化氢。取下稍冷，小心加水至20mL～30mL，加热至沸。取下冷却，用少量水冲洗弯颈小漏斗，洗液收入原开氏烧瓶中。将消煮液移入100mL容量瓶中，加水定容，静置澄清或用无磷滤纸干过滤到具塞三角瓶中，备用。

C.2.4.2 空白试验

除不加试样外，试剂用量和操作同C.2.4.1。

C.2.4.3 测定

C.2.4.3.1 蒸馏前检查蒸馏装置是否漏气，并进行空蒸馏清洗管道。

C.2.4.3.2 吸取消煮液50.0mL于蒸馏瓶内，加入200mL水。于250mL三角瓶加入10mL硼酸–指示剂混合液（C.2.2.6）承接于冷凝管下端，管口插入硼酸液面中。由筒形漏斗向蒸馏瓶内缓慢加入15mL氢氧化钠溶液（C.2.2.3），关好活塞。加热蒸馏，待馏出液体积约100mL，即可停止蒸馏。

C.2.4.3.3 用硫酸标准溶液或盐酸标准溶液（C.2.2.7）滴定馏出液，由蓝色刚变至紫红色为终点，记录消耗酸标准溶液的体积（mL）。

C.2.5 分析结果的表述

全氮（N）含量以质量分数w表示，数值以百分率表示，按式（C.1）计算：

$$w = \frac{(V_2 - V_1) \times c_1 \times 0.01401 \times D}{m} \times 100\% \qquad （C.1）$$

式中：c_1——标准溶液的摩尔浓度，单位为摩尔每升（mol/L）；

$\quad\quad V_1$——空白试验时，消耗标准溶液的体积，单位为毫升（mL）；

$\quad\quad V_2$——样品测定时，消耗标准溶液的体积，单位为毫升（mL）；

$\quad$0.01401——氮的摩尔质量，单位为克每毫摩尔（g/mmol）；

$\quad\quad m$——试料的质量，单位为克（g）；

$\quad\quad D$——分取倍数，定容体积/分取体积，100/50。

取平行测定结果的算术平均值为测定结果，结果保留到小数点后2位。

C.3 杜马斯燃烧法

C.3.1 原理

在高温和富氧环境下，样品定量燃烧消解，样品中的氮转变成分子态氮和氮氧化物。在载气的带动下，氮氧化物进入还原区域被转化成分子氮。所生成的其他气态干扰成分被适当的吸收剂去除。分子态氮再进入热导检测器进行检测。

C.3.2 试剂和材料

C.3.2.1 二氧化碳（CO_2）：纯度不小于99.995%。

C.3.2.2 氧气（O_2）：纯度不小于99.995%。

C.3.2.3 天冬氨酸或尿素：纯度不小于99%。

C.3.3 仪器和设备

C.3.3.1 通常实验室仪器。

C.3.3.2 元素分析仪，配有热导检测器。

C.3.4 分析步骤

C.3.4.1 试样的制备

固体样品缩分至约100g，将其迅速研磨至全部通过0.50mm孔径试验筛，混合均匀，置于洁净、干燥容器中；液体样品经多次摇动后，迅速取出约100mL，置于洁净、干燥容器中。

C.3.4.2 试样称量

称取通过0.50mm孔径试验筛的试样0.1g～0.4g（精确到0.000 1g），固体样品置于杜马斯定氮仪专用的锡箔纸（或无氮纸）中包好，液体试样直接称入锡囊中密封，待测。

C.3.4.3 仪器校准

按仪器校准程序进行空白试验和条件化测试，符合要求后以250mg天冬氨酸和/或100mg尿素（C.3.2.3）进行测定，得出平均校正因子。

C.3.4.4 试样测定

将准备好的样品放入进样盘，选择最佳条件进行试样测定，并用校正因子对测定结果进行校正。

注：元素分析仪参考条件为加热炉一级燃烧管温度960℃、二级燃烧管温度800℃、还原管温度815℃；氧气减压阀的输出气压0.22MPa，二氧化碳减压阀输出气压0.12MPa；通氧量100mL/min～170mL/min；通氧时间60s～80s。

C.3.5 分析结果的表述

全氮含量以质量分数w表示，数值以百分率表示，由仪器直接给出。

取平行测定结果的算术平均值为测定结果，结果保留到小数点后2位。

D 畜禽粪肥 硝态氮含量的测定

D.1 范围

本节规定了畜禽粪肥中硝态氮含量测定的紫外分光光度法的试验方法。

本节适用于畜禽粪肥样品中硝态氮含量的测定。

D.2 硝态氮含量的测定 紫外分光光度法

D.2.1 原理

用盐酸溶液从试样中提取硝酸根离子，利用硝酸根发色团在紫外光区210nm附近有明显吸收且吸光度大小与硝酸根离子浓度成正比的特性，测定硝态氮含量。

D.2.2 试剂和材料

所用试剂、水和溶液的配制，在未注明规格和配制方法时，均应按HG/T 3696规定执行。

D.2.2.1 盐酸溶液：1+1。

D.2.2.2 硝态氮标准储备溶液 [ρ（$NO_3^- - N$）＝100mg/L]：准确称取经（110±2）℃烘至恒重的硝酸钾（KNO_3）0.721 8g溶于水中，转移至1 000mL容量瓶，用水定容。

D.2.3 仪器和设备

D.2.3.1 通常实验室仪器。

D.2.3.2 紫外分光光度计，配1cm石英比色皿。

D.2.3.3 恒温振荡器。

D.2.4 分析步骤

D.2.4.1 试样的制备

固体样品缩分至约100g，将其迅速研磨至全部通过0.50mm孔径试验筛（如样品潮湿，可通过1.00mm试验筛），混合均匀，置于洁净、干燥容器中；液体样品经多次摇动后，迅速取出约100mL，置于洁净、干燥容器中。

D.2.4.2 试样溶液的制备

称取试样0.5g～2g（精确至0.000 1g）于250mL容量瓶中，加入25mL水和25mL盐酸溶液（D.2.2.1），混合，静置至无气体放出。加入约100mL水，在恒温振荡器（D.2.3.3）上振荡30min（振荡频率以容量瓶内试样能自由翻动即可）。加水定容，混匀，干过滤，待测。

D.2.4.3 工作曲线的绘制

吸取硝态氮标准储备溶液（D.2.2.2）0mL、0.50mL、1.00mL、1.50mL、2.00mL、2.50mL、3.00mL分别加入7个50mL容量瓶中，用水定容，混匀。此标准系列溶液硝态氮的质量浓度分别为0mg/L、1.00mg/L、2.00mg/L、3.00mg/L、4.00mg/L、5.00mg/L、6.00mg/L。在紫外分光光度计（D.2.3.2）210nm波长处用1cm石英比色皿进行比色，以0mg/L的标准溶液调零，测定各标准溶液吸光度。以标准系列溶液中硝态氮的质量浓度（mg/L）为横坐标，相应的吸光度为纵坐标，绘制工作曲线。

D.2.4.4 测定

吸取含硝态氮0.1mg～0.6mg的试样溶液于100mL容量瓶中，用水定容，混匀。在与测定标准系列溶液相同的条件下，以空白试验溶液调零，测定试样溶液吸光度，在工作曲线上查出相应硝态氮的质量浓度（mg/L）。

D.2.4.5 空白试验

除不加试样外，其他步骤同试样溶液。

D.2.5 分析结果的表述

硝态氮（NO_3^--N）含量以质量分数w计，数值以百分率表示，按式（D.1）计算：

$$w = \frac{\rho DV}{m \times 10^6} \times 100\% \qquad (D.1)$$

式中：ρ ——由工作曲线查出的试样溶液硝态氮质量浓度，单位为毫克每升（mg/L）；

D ——测定时试样溶液的稀释倍数；

V ——试样溶液总体积，单位为毫升（mL）；

m ——试料的质量，单位为克（g）；

10^6 ——将克（g）换算成微克（μg）的系数。

取平行测定结果的算术平均值为测定结果，结果保留到小数点后2位。

E 畜禽粪肥 铵态氮含量的测定

E.1 范围

本节规定了畜禽粪肥中铵态氮含量测定的试验方法。

本节适用于畜禽粪肥中铵态氮含量的测定。

E.2 蒸馏后返滴定法

E.2.1 原理

在弱碱性条件下蒸馏，将氨吸收在过量硫酸溶液中，在甲基红-亚甲基蓝混合指示剂存在下，用氢氧化钠标准滴定溶液返滴定，测定铵态氮含量。

E.2.2 试剂和材料

所用试剂、水和溶液的配制，在未注明规格和配制方法时，均应按HG/T 3696规定执行。

E.2.2.1 氧化镁。

E.2.2.2 硫酸溶液：c（$1/2H_2SO_4$）＝0.5mol/L。

E.2.2.3 氢氧化钠标准滴定溶液：c（NaOH）＝0.5mol/L。

E.2.2.4 甲基红-亚甲基蓝混合指示剂：在约50mL乙醇中，加入0.10g甲基红、0.05g亚甲基蓝，溶解后，用乙醇稀释到100mL，混匀。

E.2.3 仪器和设备

E.2.3.1 通常实验室仪器。

E.2.3.2 定氮蒸馏仪或具有相同功效的蒸馏装置。

E.2.4 试样的制备

固体样品缩分至约100g，将其迅速研磨至全部通过0.50mm孔径试验筛（如样品潮湿，可通过1.00mm试验筛），混合均匀，置于洁净、干燥容器中；液体样品经多次摇动后，迅速取出约100mL，置于洁净、干燥容器中。

E.2.5 试样溶液的制备与蒸馏

称取试样1g～5g（精确至0.000 1g）于消化（蒸馏）管中，加入约70mL水，摇动，使试料溶解。于500mL锥形瓶中准确加入50.0mL硫酸溶液（E.2.2.2）和4滴～5滴甲基红-亚甲基蓝混合指示剂（E.2.2.4），放置锥形瓶于蒸馏仪器氨液接收托盘上。往消化（蒸馏）管中加入约1g氧化镁（E.2.2.1），迅速将其与定氮蒸馏仪（E.2.3.2）蒸馏头相连接并开始蒸馏。当蒸馏液至锥形瓶200mL刻度时，停止蒸馏。

E.2.6 滴定

用氢氧化钠标准滴定溶液（E.2.2.3）返滴定过量的硫酸至溶液刚呈灰绿色。

E.2.7 空白试验

除不加试样外，其他步骤同试样溶液。

E.2.8 分析结果的表述

铵态氮（NH_4^+-N）含量以质量分数w计，数值以百分率表示，按式（E.1）计算：

$$w = \frac{(V_1 - V_2)c \times 0.01401}{m} \times 100\% \qquad （E.1）$$

式中： V_1 ——空白试验时，使用氢氧化钠标准滴定溶液的体积，

　　　　　　单位为毫升（mL）；

　　　　V_2 ——测定试样时，使用氢氧化钠标准滴定溶液的体积，

　　　　　　单位为毫升（mL）；

　　　　c ——试样及空白试验时，使用氢氧化钠标准滴定溶液

　　　　　　的浓度，单位为摩尔每升（mol/L）；

　0.01401 ——氮的毫摩尔质量，单位为克每毫摩尔（g/mmol）；

　　　　m ——试料的质量，单位为克（g）。

取平行测定结果的算术平均值为测定结果，结果保留到小数点后2位。

E.3　蒸馏后直接滴定法

E.3.1　原理

在弱碱性条件下蒸馏，将氨吸收在硼酸溶液中，在甲基红–溴甲酚绿混合指示剂存在下，用硫酸标准滴定溶液直接滴定，测定铵态氮含量。

E.3.2　试剂和材料

所用试剂、水和溶液的配制，在未注明规格和配制方法时，均应按HG/T 3696规定执行。

E.3.2.1　氧化镁。

E.3.2.2　硼酸溶液： ρ（H_3BO_3）=20g/L。

E.3.2.3　硫酸标准滴定溶液： c（$1/2H_2SO_4$）=0.5mol/L。

E.3.2.4　甲基红–溴甲酚绿混合指示剂：在约50mL乙醇中，加入0.07g甲基红、0.10g溴甲酚绿，溶解后，用乙醇稀释到100mL，混匀。

E.3.3 仪器和设备

同E.2.3。

E.3.4 试样的制备

同E.2.4。

E.3.5 试样溶液的制备与蒸馏

除于500mL锥形瓶中加入50mL硼酸溶液（E.3.2.2）和4滴～5滴甲基红–溴甲酚绿混合指示剂（E.3.2.4）外，其他同E.2.5。

E.3.6 滴定

用硫酸标准滴定溶液（E.3.2.3）直接滴定接收液至溶液刚呈紫红色。

E.3.7 空白试验

除不加试样外，其他步骤同试样溶液。

E.3.8 分析结果的表述

铵态氮（NH_4^+–N）含量以质量分数w计，数值以百分率表示，按式（E.2）计算：

$$w = \frac{(V_2 - V_1)c \times 0.01401}{m} \times 100\% \qquad （E.2）$$

式中： V_2——测定试样时，使用硫酸标准滴定溶液的体积，单位为毫升（mL）；

V_1——空白试验时，使用硫酸标准滴定溶液的体积，单位为毫升（mL）；

c ——试样及空白试验时，使用硫酸标准滴定溶液的浓度，单位为摩尔每升（mol/L）；

0.01401 ——氮的毫摩尔质量，单位为克每毫摩尔（g/mmol）；

m ——试料的质量，单位为克（g）。

取平行测定结果的算术平均值为测定结果，结果保留到小数点后2位。

F 畜禽粪肥 有机态氮含量的测定

F.1 范围

本节规定了畜禽粪肥样品中有机态氮含量测定的试验方法（差减法）。

本节适用于畜禽粪肥样品中有机态氮含量的测定。

F.2 试剂和材料

所用试剂、水和溶液的配制，在未注明规格和配制方法时，均应按HG/T 3696规定执行。

F.2.1 硫酸。

F.2.2 混合催化剂：分别将1 000g硫酸钾和50g五水硫酸铜研磨，并充分混合。

F.2.3 硼酸溶液：ρ（H_3BO_3）＝20g/L。

F.2.4 氢氧化钠溶液：ρ（NaOH）＝400g/L。

F.2.5 硫酸溶液：c（$1/2H_2SO_4$）＝0.5mol/L。

F.2.6 氢氧化钠标准滴定溶液：c（NaOH）＝0.5mol/L。

F.2.7 硫酸标准滴定溶液：c（$1/2H_2SO_4$）＝0.5mol/L。

F.2.8 甲基红-亚甲基蓝混合指示剂：在约50mL乙醇中，加入0.10g甲基红、0.05g亚甲基蓝，溶解后，用乙醇稀释到100mL，混匀。

F.2.9 甲基红-溴甲酚绿混合指示剂：在约50mL乙醇中，加入0.07g甲基红、0.10g溴甲酚绿，溶解后，用乙醇稀释到100mL，混匀。

F.2.10 广泛pH试纸。

F.3 仪器和设备

F.3.1 通常实验室仪器。

F.3.2 恒温振荡器。

F.3.3 温度可达400℃的多孔消化仪。

F.3.4 定氮蒸馏仪或具有相同功效的蒸馏装置。

F.4 试样的制备

固体样品缩分至约100g，将其迅速研磨至全部通过0.50mm孔径试验筛（如样品潮湿，可通过1.00mm试验筛），混合均匀，置于洁净、干燥容器中；液体样品经多次摇动后，迅速取出约100mL，置于洁净、干燥容器中。

F.5 试样溶液的制备

F.5.1 试样溶液A

称取试样约2g（精确至0.000 1g）于100mL容量瓶中，加入约50mL水，在恒温振荡器（F.3.2）中振荡15min（振荡频率以容量瓶内试样能自由翻动即可），用水定容，干过滤，弃去最初几毫升滤液，滤液待测。吸取20mL滤液于消化（蒸馏）管中，加入2g混合催化剂（F.2.2）和10mL硫酸（F.2.1），插上长颈玻璃漏斗，置于380℃的消化仪（F.3.3）上，加热至硫酸发白烟20min，取下，冷却至室温后小心加入约70mL水。此试样溶液用于测定氮的质量分数w_1。

F.5.2 试样溶液B

称取含氮不大于235mg的试样0.2g～2g（精确至0.000 1g）于消化（蒸馏）管中，加入2g混合催化剂（F.2.2），小心加入10mL硫酸（F.2.1），插上长颈玻璃漏斗，置于消化仪（F.3.3）上，温度设为380℃，消化至呈清亮或灰白色后，再加热20min后停止，待消化（蒸馏）管冷却至室温后小心加入约70mL水。此试样溶液用于测定氮的质量分数w_2。

F.6 蒸馏与滴定

F.6.1 蒸馏后返滴定法

于500mL锥形瓶中准确加入50.0mL硫酸溶液（F.2.5），以及4滴～5滴甲基红–亚甲基蓝混合指示剂（F.2.8），放置锥形瓶于蒸馏仪器氨液接收托盘上。将盛有已制备好的试样溶液的消化（蒸馏）管分别与仪器蒸馏头相连接，加入氢氧化钠溶液（F.2.4），蒸馏。当蒸馏液达到300mL以上时，用pH试纸（F.2.10）检查氨液输出管口的液滴，如不显示碱性则结束蒸馏。用氢氧化钠标准滴定溶液（F.2.6）返滴定过量的硫酸至溶液刚呈灰绿色。

F.6.2 蒸馏后直接滴定法

除于500mL锥形瓶中加入50mL硼酸溶液（F.2.3）和4滴～5滴甲基红–溴甲酚绿混合指示剂（F.2.9）外，其他同F.6.1。用硫酸标准滴定溶液（F.2.7）直接滴定接收液至溶液刚呈紫红色。

F.7 空白试验

除不加试样外，其他步骤同试样溶液。

F.8 分析结果的表述

F.8.1 蒸馏后返滴定法

试样溶液A中氮（N）含量以质量分数w_1计，数值以百分率表示，结果按式（F.1）计算：

$$\omega_1 = \frac{(V_1 - V_2)c_1D \times 0.01401}{m} \times 100\% \qquad (F.1)$$

试样溶液B中氮（N）含量以质量分数w_2计，数值以百分率表示，结果按式（F.2）计算：

$$\omega_2 = \frac{(V_1 - V_2)c_1 \times 0.01401}{m} \times 100\% \qquad (F.2)$$

式中： V_1——空白试验时，使用氢氧化钠标准滴定溶液的体积，单位为毫升（mL）；

$\quad\quad V_2$——测定试样时，使用氢氧化钠标准滴定溶液的体积，单位为毫升（mL）；

$\quad\quad c_1$——试样及空白试验时，使用氢氧化钠标准滴定溶液的浓度，单位为摩尔每升（mol/L）；

$\quad\quad D$——测定时溶液的分取倍数；

0.01401——氮的毫摩尔质量，单位为克每毫摩尔（g/mmol）；

$\quad\quad m$——试料的质量，单位为克（g）。

取平行测定结果的算术平均值为测定结果，结果保留到小数点后2位。

F.8.2 蒸馏后直接滴定法

试样溶液A中氮（N）含量以质量分数w_1计，数值以百分率表示，结果按式（F.3）计算：

$$w_1 = \frac{(V_3 - V_4)c_2D \times 0.01401}{m} \times 100\% \qquad (F.3)$$

试样溶液B中氮（N）含量以质量分数w_2计，数值以百分率表示，结果按式（F.4）计算：

$$w_2 = \frac{(V_3 - V_4)c_2 \times 0.01401}{m} \times 100\% \qquad (F.4)$$

式中：V_3——测定试样时，使用硫酸标准滴定溶液的体积，单位为毫升（mL）；

V_4——空白试验时，使用硫酸标准滴定溶液的体积，单位为毫升（mL）；

c_2——试样及空白试验时，使用硫酸标准滴定溶液的浓度，单位为摩尔每升（mol/L）；

D——测定时溶液的分取倍数；

0.01401——氮的毫摩尔质量，单位为克每毫摩尔（g/mmol）；

m——试料的质量，单位为克（g）。

取平行测定结果的算术平均值为测定结果，结果保留到小数点后2位。

F.9 有机氮含量的计算

有机氮含量以质量分数 w_3 计，数值以百分率表示，按式（F.5）计算：

$$w_3 = w_2 - w_1 \qquad\qquad (\text{F.5})$$

G 畜禽粪肥 全磷含量的测定

G.1 范围

本节规定了畜禽粪肥中全磷含量测定的试验方法。

本节适用于畜禽粪肥样品全磷含量的测定。

G.2 分光光度法

G.2.1 原理

试样采用硫酸和过氧化氢消煮，在一定酸度下，待测液中的磷酸根离子与偏钒酸和钼酸反应形成黄色三元杂多酸。在一定浓度范围（1mg/L～20mg/L）内，黄色溶液的吸光度与含磷量成正比例关系，用分光光度法定量磷。

G.2.2 试剂和材料

所用试剂、水和溶液的配制，在未注明规格和配制方法时，均应按HG/T 3696规定执行。

G.2.2.1 硫酸。

G.2.2.2 硝酸。

G.2.2.3 30%过氧化氢。

G.2.2.4 钒钼酸铵试剂。

A液：称取25.0g钼酸铵溶于400mL水中。

B液：称取1.25g偏钒酸铵溶于300mL沸水中，冷却后加250mL硝酸（G.2.2.2），冷却。

在搅拌下将A液缓缓注入B液中，用水稀释至1L，混匀，贮于棕色瓶中。

G.2.2.5 氢氧化钠溶液：质量浓度为10%的溶液。

G.2.2.6 硫酸溶液：体积分数为5%的溶液。

G.2.2.7 磷标准溶液：50μg/mL。

称取0.219 5g经105℃烘干2h的磷酸二氢钾基准试剂，用水溶解后，转入1L容量瓶中，加入5mL硫酸（G.2.2.1），冷却后用水定容至刻度。该溶液1mL含磷（P）50μg。

G.2.2.8 2，4-（或2，6-）二硝基酚指示剂：质量浓度为0.2%的溶液。

G.2.2.9 无磷滤纸。

G.2.3 仪器和设备

实验室常用仪器设备及分光光度计。

G.2.4 分析步骤

G.2.4.1 试样的制备

固体样品经多次缩分后，取出约100g，将其迅速研磨至全部通过0.50mm孔径筛（如样品潮湿，可通过1.00mm筛子），混合均匀，置于洁净、干燥容器中；液体样品经多次摇动后，迅速取出约100mL，置于洁净、干燥的容器中。

G.2.4.2 试样溶液的制备

称取试样0.5g～1.0g（精确至0.000 1g），置于开氏烧瓶底部，用少量水冲洗沾附在瓶壁上的试样，加5mL硫酸（G.2.2.1）和1.5mL过氧化氢（G.2.2.3），小心摇匀，瓶口放一弯颈小漏斗，放置过夜。在可调电炉上缓慢升温至硫酸冒烟，取下，稍冷加15滴过氧化氢，轻轻摇动开氏烧瓶，加热10min，取下，稍冷后再加5滴～10滴过氧化氢并分次消煮，直至溶液呈无色或淡黄色清液后，继续加热10min，除尽剩余的过氧化氢。取下稍冷，小心加水至20mL～30mL，加热至沸。取下冷却，用少量水冲洗弯颈小漏斗，洗液收入原开氏烧瓶中。将消煮液移入100mL容量瓶中，加水定容，静置澄清或用无磷滤纸干过滤到具塞三角瓶中，备用。

G.2.4.3 标准曲线绘制

吸取磷标准溶液（G.2.2.7）0mL、1.0mL、2.5mL、5.0mL、7.5mL、10.0mL、15.0mL分别置于7个50mL容量瓶中，加入与吸取试样溶液等体积的空白溶液，加水至30mL左右，加2滴2，4-（或2，6-）二硝基酚指示剂（G.2.2.8），用氢氧化钠溶液（G.2.2.5）和硫酸溶液（G.2.2.6）调节溶液刚呈微黄色，加10.0mL钒钼酸铵试剂（G.2.2.4），摇匀，用水定容。此溶液为1mL含（P）0μg、1.0μg、2.5μg、5.0μg、7.5μg、10.0μg、15.0μg的标准溶液系列。在室温下放置20min后，在分光光度计波长440nm处用1cm光径比色皿，以空白溶液调节仪器零点，进行比色，读取吸光度。根据磷浓度和吸光度绘制标准曲线或求出直线回归方程。

波长可根据磷浓度进行选择，见表G.1。

表G.1

磷浓度（mg/L）	0.75～5.5	2～15	4～17	7～20
波长（nm）	400	440	470	490

G.2.4.4 测定

吸取5.00mL～10.00mL试样溶液（G.2.4.2）（含磷0.05mg～1.0mg）于50mL容量瓶中，加水至30mL左右，与标准溶液系列同条件显色、比色，读取吸光度。

G.2.4.5 空白试验

除不加试样外，试剂用量和操作同G.2.4.2。

G.2.5 分析结果的表述

全磷（P_2O_5）含量以质量分数w表示，按式（G.1）计算：

$$w = \frac{C \times V \times D \times 2.29 \times 0.0001}{m} \qquad （G.1）$$

式中：　C ——由标准曲线差得或由回归方程求得显色液磷浓度，
　　　　　　单位为微克每毫升（μg/mL）；

　　　　V ——显色体积，50mL；

　　　　D ——分取倍数，定容体积/分取体积，100/5或100/10；

　　　　m ——试料的质量，单位为克（g）；

　　2.29 ——将磷（P）换算成五氧化二磷（P_2O_5）的因数；

0.0001 ——将微克/克（μg/g）换算为质量分数的因数。

取平行测定结果的算术平均值为测定结果，结果保留到小数点后2位。

G.3　等离子体发射光谱法

G.3.1　原理

试样溶液中的磷在ICP光源中原子化并激发至高能态，处于高能态的原子跃迁至基态时产生具有特征波长的电磁辐射，发射强度与磷原子浓度成正比。

G.3.2　试剂和材料

所用试剂、水和溶液的配制，在未注明规格和配制方法时，均应按HG/T 3696规定执行。

G.3.2.1 磷标准溶液：ρ（P）=1000μg/mL。

G.3.2.2 高纯氩气：纯度99.99%以上。

G.3.3 仪器和设备

G.3.3.1 通常实验室仪器。

G.3.3.2 等离子体发射光谱仪。

G.3.4 分析步骤

G.3.4.1 试样的制备

按G.2.4.1规定执行。

G.3.4.2 试样溶液的制备

按G.2.4.2规定执行。

G.3.4.3 标准曲线的绘制

分别吸取磷标准溶液（G.3.2.1）0mL、1.00mL、2.00mL、4.00mL、8.00mL、10.00mL于6个100mL容量瓶中，用水定容，混匀。此标准系列溶液磷的质量浓度分别为0μg/mL、10.0μg/mL、20.0μg/mL、40.0μg/mL、80.0μg/mL、100.0μg/mL。

测定前，根据待测元素性质和仪器性能，进行氩气流量、观测高度、射频发生器功率、积分时间等测量条件优化。然后，用等离子体发射光谱仪在波长213.618nm处测定各标准溶液的发射强度。以标准系列溶液磷的质量浓度（μg/mL）为横坐标，相应的发射强度为纵坐标，绘制工作曲线。

注：可根据不同仪器灵敏度调整标准系列溶液的质量浓度。

G.3.4.4 试样溶液的测定

试样溶液直接（或用水适当稀释后）在与测定标准系列溶液相同的条件下，测得磷的发射强度，在工作曲线上查出相应磷的质量浓度（μg/mL）。

G.3.4.5　空白试验

除不加试样外，其他步骤同试样溶液。

G.3.5　分析结果的表述

全磷（P_2O_5）含量以质量分数w计，数值以百分率表示，按式（G.2）计算：

$$w = \frac{(\rho - \rho_0)DV \times 2.292}{m \times 10^6} \times 100\% \qquad （G.2）$$

式中：　ρ ——由工作曲线查出的试样溶液磷的质量浓度，单位为微克每毫升（$\mu g/mL$）；

ρ_0 ——由工作曲线查出的空白溶液磷的质量浓度，单位为微克每毫升（$\mu g/mL$）；

D ——测定时试样溶液的稀释倍数；

V ——试样溶液的总体积，单位为毫升（mL）；

2.292 ——磷质量换算为五氧化二磷质量的系数；

m ——试料的质量，单位为克（g）；

10^6 ——将克（g）换算成微克（μg）的系数。

取平行测定结果的算术平均值为测定结果，结果保留到小数点后2位。

H 畜禽粪肥 全钾含量的测定

H.1 范围

本节规定了畜禽粪肥中全钾含量测定的试验方法。

本节适用于畜禽粪肥样品全钾含量的测定。

H.2 火焰光度法

H.2.1 原理

试样溶液在火焰的激发下，发射出钾元素的特征光谱，在一定浓度范围内，发射强度与溶液中钾的浓度成正比。在与标准工作曲线相同条件下，通过测定试样溶液中钾元素的发射强度，可求得钾浓度。

H.2.2 试剂和材料

所用试剂、水和溶液的配制，在未注明规格和配制方法时，均应按HG/T 3696规定执行。

H.2.2.1 硝酸。

H.2.2.2 高氯酸。

H.2.2.3 硫酸。

H.2.2.4 30%过氧化氢。

H.2.2.5 钾标准储备溶液：ρ（K）$=1000\mu g/mL$。

H.2.2.6 钾标准溶液：ρ（K）$=100\mu g/mL$。准确吸取钾标准储备溶液（H.2.2.5）10.00mL于100mL容量瓶中，用水定容，混匀。

H.2.2.7 液化石油气。

H.2.3 仪器和设备

H.2.3.1 通常实验室仪器。

H.2.3.2 火焰光度计或原子吸收分光光度计：应对仪器进行调试鉴定，性能指标合格。

H.2.4 分析步骤

H.2.4.1 试样的制备

固体样品经多次缩分后，取出约100g，将其迅速研磨至全部通过0.50mm孔径筛（如样品潮湿，可通过1.00mm筛子），混合均匀，置于洁净、干燥容器中；液体样品经多次摇动后，迅速取出约100mL，置于洁净、干燥的容器中。

H.2.4.2 试样溶液的制备

H.2.4.2.1 用硝酸–高氯酸处理

称取试样0.5g～4g（精确至0.000 1g）置于250mL锥形瓶中，加20mL硝酸（H.2.2.1），放上小漏斗，在通风橱内缓慢加热至近干，稍冷，加入2mL～5mL高氯酸（H.2.2.2），缓慢加热至高氯酸冒白烟，直至溶液呈无色或浅色溶液。冷却至室温，将消煮液移入250mL容量瓶中，用水稀释至刻度，混匀。干过滤，弃去最初几毫升滤液，滤液待测。

注：加入硝酸后可浸泡过夜再加热，加入高氯酸后注意不能蒸干。

H.2.4.2.2 用硫酸–过氧化氢处理

称取试样0.5g～4g（精确至0.000 1g）置于250mL锥形瓶中，加5mL～10mL硫酸（H.2.2.3）和3mL～5mL过氧化氢（H.2.2.4），小心摇匀，放上小漏斗，缓慢加热至沸腾，继续加热保持30min。取下，若溶液未澄清，稍冷后，再加入3mL～5mL过氧化氢，加热至沸腾并保持30min，如此反复进行，直至溶液为无色或浅色清液。继续加热10min，冷却，将溶液转移入250mL容量瓶中，冷却至室温，用水稀释至刻度，混匀。干过滤，弃去最初几毫升滤液，滤液待测。

注：加入硫酸和过氧化氢后可浸泡过夜再加热。

H.2.4.3 标准曲线绘制

分别准确吸取钾标准溶液（H.2.2.6）0mL、2.50mL、5.00mL、10.00mL、15.00mL、20.00mL于6个100mL容量瓶中，加水定容，混匀。此标准系列溶液钾的质量浓度分别为0μg/mL、2.50μg/mL、5.00μg/mL、10.00μg/mL、15.00μg/mL、20.00μg/mL。在选定工作条件的火焰光度计上，分别以标准溶液的0点和浓度最高点调节仪器的零点和满度（一般为80），然后由低浓度到高浓度分别测定各标准溶液的发射强度值。以标准系列溶液钾的质量浓度（μg/mL）为横坐标，相应的发射强度为纵坐标，绘制工作曲线。

注：可根据不同仪器灵敏度调整标准系列溶液的质量浓度。

H.2.4.4 试样溶液的测定

试样溶液直接（或用水适当稀释后）在与测定标准系列溶液相同的条件下，测得钾的发射强度，在工作曲线上查出相应钾的质量浓度（μg/mL）。

H.2.4.5 空白试验

除不加试样外，其他步骤同试样溶液。

H.2.5 分析结果的表述

全钾（K_2O）含量以质量分数w计，数值以百分率表示，按式（H.1）计算：

$$w = \frac{(\rho - \rho_0)DV \times 1.205}{m \times 10^6} \times 100\% \qquad (H.1)$$

式中： ρ ——由工作曲线查出的试样溶液钾的质量浓度，单位
　　　　　为微克每毫升（μg/mL）；

　　　ρ_0 ——由工作曲线查出的空白溶液中钾的质量浓度，单
　　　　　位为微克每毫升（μg/mL）；

　　　D ——测定时试样溶液的稀释倍数；

　　　V ——试样溶液的总体积，单位为毫升（mL）；

　1.205 ——钾质量换算为氧化钾质量的系数；

　　　m ——试料的质量，单位为克（g）；

　　10^6 ——将克（g）换算成微克（μg）的系数。

取平行测定结果的算术平均值为测定结果，结果保留到小数点后2位。

H.3 等离子体发射光谱法

H.3.1 原理

试样溶液中的钾在ICP光源中原子化并激发至高能态，处于高能态的原子跃迁至基态时产生具有特征波长的电磁辐射，发射强度与钾原子浓度成正比。

H.3.2 试剂和材料

所用试剂、水和溶液的配制，在未注明规格和配制方法时，均应按HG/T 3696规定执行。

H.3.2.1 钾标准溶液：ρ（K）＝1000μg/mL。

H.3.2.2 高纯氩气：纯度99.99%以上。

H.3.3 仪器和设备

H.3.3.1 通常实验室仪器。

H.3.3.2 等离子体发射光谱仪。

H.3.4 分析步骤

H.3.4.1 试样的制备

按H.2.4.1规定执行。

H.3.4.2 试样溶液的制备

按H.2.4.2规定执行。

H.3.4.3 标准曲线的绘制

分别吸取钾标准溶液（H.3.2.1）0mL、1.00mL、2.00mL、4.00mL、8.00mL、10.00mL于6个100mL容量瓶中，用水定容，混匀。此标准系列溶液钾的质量浓度分别为0μg/mL、10.0μg/mL、20.0μg/mL、40.0μg/mL、80.0μg/mL，100.0μg/mL。

测定前，根据待测元素性质和仪器性能，进行氩气流量、观测高度、射频发生器功率、积分时间等测量条件优化。然后，用等离子体发射光谱仪在波长766.491nm处测定各标准溶液的发射强度。以标准系列溶液钾的质量浓度（μg/mL）为横坐标，相应的发射强度为纵坐标，绘制工作曲线。

注：可根据不同仪器灵敏度调整标准系列溶液的质量浓度。

H.3.4.4 试样溶液的测定

试样溶液直接（或用水适当稀释后）在与测定标准系列溶液相同的条件下，在与测定标准系列溶液相同的条件下，测得钾的发射强度，在工作曲线上查出相应钾的质量浓度（μg/mL）。

H.3.4.5 空白试验

除不加试样外，其他步骤同试样溶液。

H.3.5 分析结果的表述

按H.2.5规定执行。

Ⅰ 畜禽粪肥 全钙含量的测定

Ⅰ.1 范围

本节规定了畜禽粪肥中全钙含量测定的试验方法。

本节适用于畜禽粪肥样品全钙含量的测定。

Ⅰ.2 原子吸收分光光度法

Ⅰ.2.1 原理

采用硝酸-高氯酸全分解的方法，以一定量的锶盐作释放剂，使样品中的待测元素全部进入试液，然后将试液喷入空气-乙炔火焰中，在火焰的高温下，钙化合物离解为基态原子，该基态原子蒸气对相应的空心阴极灯发射的特征谱线产生选择性吸收。在选择的最佳测定条件下，测定钙的吸光度。

Ⅰ.2.2 试剂和材料

所用试剂、水和溶液的配制，在未注明规格和配制方法时，均应按HG/T 3696规定执行。

Ⅰ.2.2.1 硝酸（HNO_3）：$\rho = 1.42g/mL$，分析纯。

Ⅰ.2.2.2 高氯酸（$HClO_4$）：$\rho = 1.68g/mL$，分析纯。

Ⅰ.2.2.3 盐酸溶液：1+1。

Ⅰ.2.2.4 氯化锶溶液：ρ（$SrCl_2$）$= 60.9g/L$。称取60.9g $SrCl_2 \cdot 6H_2O$溶于300mL水和420mL盐酸溶液（Ⅰ.2.2.3）中，用水定容至1 000mL，混匀。

Ⅰ.2.2.5 钙标准储备液，1 000mg/L。

Ⅰ.2.2.6 钙标准使用液，100.0mg/L：吸取钙标准储备液（I.2.2.5）10.00mL于100mL容量瓶中，加入10mL盐酸溶液（I.2.2.3），用水定容，混匀。

I.2.2.7 溶解乙炔。

I.2.3 仪器和设备

I.2.3.1 通常实验室仪器。

I.2.3.2 原子吸收分光光度计（带有背景校正器）。

I.2.3.3 钙空心阴极灯。

I.2.3.4 乙炔钢瓶。

I.2.3.5 空气压缩机，应备有除水、除油和除尘装置。

I.2.4 分析步骤

I.2.4.1 试样的制备

固体样品经多次缩分后，取出约100g，将其迅速研磨至全部通过0.50mm孔径筛（如样品潮湿，可通过1.00mm筛子），混合均匀，置于洁净、干燥容器中；液体样品经多次摇动后，迅速取出约100mL，置于洁净、干燥的容器中。

I.2.4.2 试样溶液的制备

称取4g～5g的试样（精确至0.000 2g）置于400mL高型烧杯中，加入20mL～30mL硝酸（I.2.2.1），不盖表面皿，小心摇匀，在通风橱内用电热板慢慢煮沸消化至近干涸以分解试样和赶尽硝酸。稍冷加入10mL高氯酸（I.2.2.2），盖上表面皿，缓慢加热至冒高氯酸的白烟，继续加热直至溶液呈无色或淡色清液（注意：不要蒸干！）（必要时，短时间放置冷却后，补加硝酸数毫升再加热）。冷却至室温，定量转移至250mL量瓶中，用水稀释至刻度，混匀。干过滤，弃去最初几毫升滤液，待用。

Ⅰ.2.4.3 标准曲线的绘制

分别吸取钙标准溶液（Ⅰ.2.2.6）0mL、1.00mL、2.00mL、4.00mL、8.00mL、10.00mL于6个100mL容量瓶中，分别加入10mL氯化锶溶液（Ⅰ.2.2.4），用水定容，混匀。此标准系列钙的质量浓度分别为0μg/mL、1.0μg/mL、2.0μg/mL、4.0μg/mL、8.0μg/mL、10.0μg/mL。在选定最佳工作条件下，于波长422.7nm处，使用贫燃性空气–乙炔火焰，以钙含量为0的标准溶液为参比溶液调零，测定各标准溶液的吸光值。

以各标准溶液钙的质量浓度（μg/mL）为横坐标，相应吸光值为纵坐标，绘制工作曲线。

注：可根据不同仪器灵敏度调整标准系列溶液的质量浓度。

Ⅰ.2.4.4 测定

吸取一定体积的试样溶液于100mL容量瓶内，加入10mL氯化锶溶液（Ⅰ.2.2.4），用水定容，混匀。在与测定标准系列溶液相同的仪器条件下，测定其吸光值，在工作曲线上查出相应钙的质量浓度（μg/mL）。

Ⅰ.2.4.5 空白试验

除不加试样外，其他步骤同试样溶液的测定。

Ⅰ.2.5 分析结果的表述

全钙的含量w以毫克每千克（mg/kg）表示，按式（Ⅰ.1）计算：

$$w = \frac{c \times V \times D}{m} \tag{Ⅰ.1}$$

式中： c ——试液的吸光度减去空白试验的吸光度，然后在校准曲线上查得钙的含量，单位为毫克每升（mg/L）；

V ——试液定容的体积，单位为毫升（mL）；

D ——测定时试样溶液的稀释倍数;

m ——试料的质量,单位为克(g)。

取平行测定结果的算术平均值为测定结果,结果保留到小数点后2位。

I.3 等离子体发射光谱法

I.3.1 原理

采用盐酸-高氯酸全分解的方法,使样品中的待测元素全部进入试液。试样溶液中的钙在ICP光源中原子化并激发至高能态,处于高能态的原子跃迁至基态时产生具有特征波长的电磁辐射,发射强度与钙原子浓度成正比。

I.3.2 试剂和材料

所用试剂、水和溶液的配制,在未注明规格和配制方法时,均应按HG/T 3696规定执行。

I.3.2.1 硝酸(HNO₃): $\rho = 1.42g/mL$,分析纯。

I.3.2.2 高氯酸(HClO₄): $\rho = 1.68g/mL$,分析纯。

I.3.2.3 钙标准溶液: ρ(Ca)$= 1mg/mL$。

I.3.2.4 高纯氩气。

I.3.3 仪器和设备

I.3.3.1 通常实验室仪器。

I.3.3.2 等离子体发射光谱仪。

I.3.4 分析步骤

I.3.4.1 试样的制备

按I.2.4.1规定执行。

I.3.4.2 试样溶液的制备

按I.2.4.2规定执行。

I.3.4.3 标准曲线的绘制

分别吸取钙标准溶液（I.3.2.3）0mL、0.50mL、1.00mL、4.00mL、8.00mL、10.00mL于6个100mL容量瓶中，用水定容，混匀。此标准系列溶液铜的质量浓度分别为0μg/mL、5.0μg/mL、10.0μg/mL、40.0μg/mL、80.0μg/mL、100.0μg/mL。

测定前，根据待测元素性质和仪器性能，进行氩气流量、观测高度、射频发生器功率、积分时间等测量条件优化。然后，用等离子体发射光谱仪在波长324.754nm处测定各标准溶液的发射强度。以各标准溶液钙的质量浓度（μg/mL）为横坐标，相应的发射强度为纵坐标，绘制标准曲线。

注：可根据不同仪器灵敏度调整标准系列溶液的质量浓度。

I.3.4.4 测定

试样溶液直接（或适当稀释后）在与测定标准系列溶液相同的条件下，测得钙的发射强度，在标准曲线上查出相应钙的质量浓度（μg/mL）。

I.3.4.5 空白试验

除不加试样外，其他步骤同试样溶液的测定。

I.3.5 分析结果的表述

全钙的含量w以质量分数（%）表示，按式（I.2）计算：

$$w = \frac{(\rho - \rho_0)D \times 50}{m \times 10^6} \times 100 \qquad （I.2）$$

式中： ρ ——由工作曲线查出的试样溶液钙的质量浓度，单位为微克每毫升（μg/mL）；

ρ_0——由工作曲线查出的空白溶液中钙的质量浓度，单位为微克每毫升（μg/mL）；

D——测定时试样溶液的稀释倍数；

50——试样溶液的体积，单位为毫升（mL）；

m——试料的质量，单位为克（g）；

10^6——将克（g）换算成微克（μg）的系数。

取平行测定结果的算术平均值为测定结果，结果保留到小数点后2位。

J 畜禽粪肥 全镁含量的测定

J.1 范围

本节规定了畜禽粪肥中全镁含量测定的试验方法。

本节适用于畜禽粪肥样品全镁含量的测定。

J.2 原子吸收分光光度法

J.2.1 原理

采用硝酸-高氯酸全分解的方法，以一定量的锶盐作释放剂，使样品中的待测元素全部进入试液，然后将试液喷入空气-乙炔火焰中，在火焰的高温下，镁化合物离解为基态原子，该基态原子蒸气对相应的空心阴极灯发射的特征谱线产生选择性吸收。在选择的最佳测定条件下，测定镁的吸光度。

J.2.2 试剂和材料

所用试剂、水和溶液的配制，在未注明规格和配制方法时，均应按HG/T 3696规定执行。

J.2.2.1 硝酸（HNO_3）：$\rho = 1.42g/mL$，分析纯。

J.2.2.2 高氯酸（$HClO_4$）：$\rho = 1.68g/mL$，分析纯。

J.2.2.3 盐酸溶液：1+1。

J.2.2.4 氯化锶溶液：ρ（$SrCl_2$）$= 60.9g/L$。称取60.9g $SrCl_2 \cdot 6H_2O$溶于300mL水和420mL盐酸溶液（J.2.2.3）中，用水定容至1 000mL，混匀。

J.2.2.5 镁标准储备液，1 000mg/L。

J.2.2.6 镁标准使用液，100.0mg/L：吸取镁标准储备液

（J.2.2.5）10.00mL于100mL容量瓶中，加入10mL盐酸溶液（J.2.2.3），用水定容，混匀。

J.2.2.7 溶解乙炔。

J.2.3 仪器和设备

J.2.3.1 通常实验室仪器。

J.2.3.2 原子吸收分光光度计（带有背景校正器）。

J.2.3.3 镁空心阴极灯。

J.2.3.4 乙炔钢瓶。

J.2.3.5 空气压缩机，应备有除水、除油和除尘装置。

J.2.4 分析步骤

J.2.4.1 试样的制备

固体样品经多次缩分后，取出约100g，将其迅速研磨至全部通过0.50mm孔径筛（如样品潮湿，可通过1.00mm筛子），混合均匀，置于洁净、干燥容器中；液体样品经多次摇动后，迅速取出约100mL，置于洁净、干燥的容器中。

J.2.4.2 试样溶液的制备

称取4g～5g的试样（精确至0.000 2g）置于400mL高型烧杯中，加入20mL～30mL硝酸（J.2.2.1），不盖表面皿，小心摇匀，在通风橱内用电热板慢慢煮沸消化至近干涸以分解试样和赶尽硝酸。稍冷加入10mL高氯酸（J.2.2.2），盖上表面皿，缓慢加热至冒高氯酸的白烟，继续加热直至溶液呈无色或淡色清液。（注意：不要蒸干！）（必要时，短时间放置冷却后，补加硝酸数毫升再加热。）冷却至室温，定量转移至250mL量瓶中，用水稀释至刻度，混匀。干过滤，弃去最初几毫升滤液，待用。

J.2.4.3 标准曲线的绘制

分别吸取镁标准溶液（J.2.2.6）0mL、1.00mL、2.00mL、4.00mL、8.00mL、10.00mL于6个100mL容量瓶中，分别加入10mL氯化锶溶液（J.2.2.4），用水定容，混匀。此标准系列镁的质量浓度分别为0μg/mL、1.0μg/mL、2.0μg/mL、4.0μg/mL、8.0μg/mL、10.0μg/mL。在选定最佳工作条件下，于波长422.7nm处，使用贫燃性空气-乙炔火焰，以镁含量为0的标准溶液为参比溶液调零，测定各标准溶液的吸光值。

以各标准溶液镁的质量浓度（μg/mL）为横坐标，相应吸光值为纵坐标，绘制工作曲线。

注：可根据不同仪器灵敏度调整标准系列溶液的质量浓度。

J.2.4.4 测定

吸取一定体积的试样溶液于100mL容量瓶内，加入10mL氯化锶溶液（J.2.2.4），用水定容，混匀。在与测定标准系列溶液相同的仪器条件下，测定其吸光值，在工作曲线上查出相应镁的质量浓度（μg/mL）。

J.2.4.5 空白试验

除不加试样外，其他步骤同试样溶液的测定。

J.2.5 分析结果的表述

全镁的含量w以毫克每千克（mg/kg）表示，按式（J.1）计算：

$$w = \frac{c \times V \times D}{m} \qquad (J.1)$$

式中：c ——试液的吸光度减去空白试验的吸光度，然后在校准曲线上查得镁的含量，单位为毫克每升（mg/L）；

V ——试液定容的体积，单位为毫升（mL）；

　　　　D ——测定时试样溶液的稀释倍数；

　　　　m ——试料的质量，单位为克（g）。

　　取平行测定结果的算术平均值为测定结果，结果保留到小数点后2位。

J.3　等离子体发射光谱法

J.3.1　原理

　　采用盐酸–高氯酸全分解的方法，使样品中的待测元素全部进入试液。试样溶液中的镁在ICP光源中原子化并激发至高能态，处于高能态的原子跃迁至基态时产生具有特征波长的电磁辐射，发射强度与镁原子浓度成正比。

J.3.2　试剂和材料

　　所用试剂、水和溶液的配制，在未注明规格和配制方法时，均应按HG/T 3696规定执行。

　　J.3.2.1　硝酸（HNO_3）：$\rho = 1.42g/mL$，分析纯。

　　J.3.2.2　高氯酸（$HClO_4$）：$\rho = 1.68g/mL$，分析纯。

　　J.3.2.3　镁标准溶液：ρ（Mg）$= 1mg/mL$。

　　J.3.2.4　高纯氩气。

J.3.3　仪器和设备

　　J.3.3.1　通常实验室仪器。

　　J.3.3.2　等离子体发射光谱仪。

J.3.4　分析步骤

　　J.3.4.1　试样的制备

按J.2.4.1规定执行。

J.3.4.2 试样溶液的制备

按J.2.4.2规定执行。

J.3.4.3 标准曲线的绘制

分别吸取镁标准溶液（J.3.2.3）0mL、0.50mL、1.00mL、4.00mL、8.00mL、10.00mL于6个100mL容量瓶中，用水定容，混匀。此标准系列溶液铜的质量浓度分别为0μg/mL、5.0μg/mL、10.0μg/mL、40.0μg/mL、80.0μg/mL、100.0μg/mL。

测定前，根据待测元素性质和仪器性能，进行氩气流量、观测高度、射频发生器功率、积分时间等测量条件优化。然后，用等离子体发射光谱仪在波长324.754nm处测定各标准溶液的发射强度。以各标准溶液镁的质量浓度（μg/mL）为横坐标，相应的发射强度为纵坐标，绘制标准曲线。

注：可根据不同仪器灵敏度调整标准系列溶液的质量浓度。

J.3.4.4 测定

试样溶液直接（或适当稀释后）在与测定标准系列溶液相同的条件下，测得镁的发射强度，在标准曲线上查出相应镁的质量浓度（μg/mL）。

J.3.4.5 空白试验

除不加试样外，其他步骤同试样溶液的测定。

J.3.5 分析结果的表述

全镁的含量w以质量分数（%）表示，按式（J.2）计算：

$$w = \frac{(\rho - \rho_0)D \times 50}{m \times 10^6} \times 100 \qquad (J.2)$$

式中： ρ ——由工作曲线查出的试样溶液镁的质量浓度，单位为微克每毫升（μg/mL）；

ρ_0——由工作曲线查出的空白溶液中镁的质量浓度，单位为微克每毫升（μg/mL）；

D——测定时试样溶液的稀释倍数；

50——试样溶液的体积，单位为毫升（mL）；

m——试料的质量，单位为克（g）；

10^6——将克（g）换算成微克（μg）的系数。

取平行测定结果的算术平均值为测定结果，结果保留到小数点后2位。

K　畜禽粪肥　全硫含量的测定

K.1　范围

本节规定了畜禽粪肥中全硫含量测定的试验方法。

本节适用于畜禽粪肥样品全硫含量的测定。

K.2　等离子体发射光谱法

K.2.1　原理

采用盐酸–高氯酸全分解的方法，使样品中的待测元素全部进入试液。试样溶液中的硫在ICP光源中原子化并激发至高能态，处于高能态的原子跃迁至基态时产生具有特征波长的电磁辐射，发射强度与硫原子浓度成正比。

K.2.2　试剂和材料

所用试剂、水和溶液的配制，在未注明规格和配制方法时，均应按HG/T 3696规定执行。

K.2.2.1　硝酸（HNO_3）：$\rho = 1.42g/mL$，分析纯。

K.2.2.2　高氯酸（$HClO_4$）：$\rho = 1.68g/mL$，分析纯。

K.2.2.3　硫标准溶液：$\rho（S）= 1mg/mL$。

K.2.2.4　高纯氩气。

K.2.3　仪器和设备

K.2.3.1　通常实验室仪器。

K.2.3.2　等离子体发射光谱仪。

K.2.4 分析步骤

K.2.4.1 试样的制备

固体样品经多次缩分后，取出约100g，将其迅速研磨至全部通过0.50mm孔径筛（如样品潮湿，可通过1.00mm筛子），混合均匀，置于洁净、干燥容器中；液体样品经多次摇动后，迅速取出约100mL，置于洁净、干燥的容器中。

K.2.4.2 试样溶液的制备

称取4g～5g的试样（精确至0.000 2g）置于400mL高型烧杯中，加入20mL～30mL硝酸（K.2.2.1），不盖表面皿，小心摇匀，在通风橱内用电热板慢慢煮沸消化至近干涸以分解试样和赶尽硝酸。稍冷加入10mL高氯酸（K.2.2.2），盖上表面皿，缓慢加热至冒高氯酸的白烟，继续加热直至溶液呈无色或淡色清液（注意：不要蒸干！）（必要时，短时间放置冷却后，补加硝酸数毫升再加热）。冷却至室温，定量转移至250mL量瓶中，用水稀释至刻度，混匀。干过滤，弃去最初几毫升滤液，待用。

K.2.4.3 标准曲线的绘制

分别吸取硫标准溶液（K.2.2.3）0mL、0.50mL、1.00mL、4.00mL、8.00mL、10.00mL于6个100mL容量瓶中，用水定容，混匀。此标准系列硫的质量浓度分别为0μg/mL、5.0μg/mL、10.0μg/mL、40.0μg/mL、80.0μg/mL、100.0μg/mL。

测定前，根据待测元素性质和仪器性能，进行氩气流量、观测高度、射频发生器功率、积分时间等测量条件优化。然后，用等离子体发射光谱仪在波长181.972nm处测定各标准溶液的辐射强度。以各标准溶液硫的质量浓度（μg/mL）为横坐标，相应的辐射强度为纵坐标，绘制工作曲线。

注：可根据不同仪器灵敏度调整标准系列溶液的质量浓度。

K.2.4.4 测定

试样溶液直接（或适当稀释后），在与测定标准系列溶液相同的条件下，测得硫的辐射强度，在工作曲线上查出相应硫的质量浓度（μg/mL）。

K.2.4.5 空白试验

除不加试样外，其他步骤同试样溶液的测定。

K.2.5 分析结果的表述

全硫的含量 w 以毫克每千克（mg/kg）表示，按式（K.1）计算：

$$w = \frac{c \times V \times D}{m} \tag{K.1}$$

式中： c——试液的吸光度减去空白试验的吸光度，然后在校准曲线上查得硫的含量，单位为毫克每升（mg/L）；

V——试液定容的体积，单位为毫升（mL）；

D——测定时试样溶液的稀释倍数；

m——试料的质量，单位为克（g）。

取平行测定结果的算术平均值为测定结果，结果保留到小数点后2位。

L 畜禽粪肥 全铜含量的测定

L.1 范围

本节规定了畜禽粪肥中全铜含量测定的试验方法。

本节适用于畜禽粪肥样品全铜含量的测定。

L.2 原子吸收分光光度法

L.2.1 原理

采用盐酸-硝酸-氢氟酸-高氯酸全分解的方法，加入适量的掩蔽剂，使样品中的待测元素全部进入试液，然后将试液喷入空气-乙炔火焰中，在火焰的高温下，铜化合物离解为基态原子，该基态原子蒸气对相应的空心阴极灯发射的特征谱线产生选择性吸收。在选择的最佳测定条件下，测定铜的吸光度。

L.2.2 试剂和材料

所用试剂、水和溶液的配制，在未注明规格和配制方法时，均应按HG/T 3696规定执行。

L.2.2.1 盐酸（HCl）：$\rho = 1.19g/mL$，优级纯。

L.2.2.2 硝酸（HNO_3）：$\rho = 1.42g/mL$，优级纯。

L.2.2.3 硝酸溶液，1+1：用（L.2.2.2）配制。

L.2.2.4 硝酸溶液，体积分数为0.2%：用（L.2.2.2）配制。

L.2.2.5 氢氟酸（HF）：$\rho = 1.49g/mL$。

L.2.2.6 高氯酸（$HClO_4$）：$\rho = 1.68g/mL$，优级纯。

L.2.2.7 硝酸镧［$La(NO_3)_3 \cdot 6H_2O$］水溶液，质量分数为5%。

L.2.2.8 铜标准储备液，1 000mg/L：称取1.000 0g（精确至0.000 2g）光谱纯金属铜于50mL烧杯中，加入硝酸溶液（L.2.2.3）20mL，温热，待完全溶解后，转至1 000mL容量瓶中，用水定容至标线，摇匀。

L.2.2.9 铜标准使用液，20.0mg/L：用硝酸溶液（L.2.2.4）逐级稀释铜标准储备液（L.2.2.8）配制。

L.2.3 仪器和设备

L.2.3.1 通常实验室仪器。

L.2.3.2 原子吸收分光光度计（带有背景校正器）。

L.2.3.3 铜空心阴极灯。

L.2.3.4 乙炔钢瓶。

L.2.3.5 空气压缩机，应备有除水、除油和除尘装置。

L.2.3.6 仪器参数。

不同型号仪器的最佳测试条件不同，可根据仪器使用说明书自行选择。通常本文件采用表L.1中的测量条件。

表L.1 仪器测量条件

元素	铜
测定波长（nm）	324.8
通带宽度（nm）	1.3
灯电流（mA）	7.5
火焰性质	氧化性
其他可测定波长（nm）	327.4，225.8

L.2.4 分析步骤

L.2.4.1 试样的制备

固体样品经多次缩分后，取出约100g，将其迅速研磨至全部通过0.50mm孔径筛（如样品潮湿，可通过1.00mm筛子），混合均匀，置于洁净、干燥容器中；液体样品经多次摇动后，迅速取出约100mL，置于洁净、干燥的容器中。

L.2.4.2 试样溶液的制备

准确称取0.2g～0.5g（精确至0.000 2g）试样于50mL聚四氟乙烯坩埚中，用水润湿后加入10mL盐酸（L.2.2.1），于通风橱内的电热板上低温加热，使样品初步分解，待蒸发至约剩3mL左右时，取下稍冷，然后加入5mL硝酸（L.2.2.2），5mL氢氟酸（L.2.2.5），3mL高氯酸（L.2.2.6），加盖后于电热板上中温加热。1h后，开盖，继续加热除硅，为了达到良好的飞硅效果，应经常摇动坩埚。当加热至冒浓厚白烟时，加盖，使黑色有机碳化物分解。待坩埚壁上的黑色有机物消失后，开盖驱赶高氯酸白烟并蒸至内容物呈黏稠状。视消解情况可再加入3mL硝酸（L.2.2.2），3mL氢氟酸（L.2.2.5）和1mL高氯酸（L.2.2.6），重复上述消解过程。当白烟再次基本冒尽且坩埚内容物呈黏稠状时，取下稍冷，用水冲洗坩埚盖和内壁，并加入1 mL硝酸溶液（L.2.2.3）温热溶解残渣。然后将溶液转移至50mL容量瓶中，加入5mL硝酸镧溶液（L.2.2.7）。冷却后定容至标线摇匀，备测。

在消解时，要注意观察，各种酸的用量可视消解情况酌情增减。消解液应呈白色或淡黄色，没有明显沉淀物存在。

注意：电热板温度不宜太高，否则会使聚四氟乙烯坩埚变形。

L.2.4.3 标准曲线的绘制

参考表L.2，在50mL容量瓶中，各加入5mL硝酸镧溶液（L.2.2.7），用硝酸溶液（L.2.2.4）稀释铜标准使用液（L.2.2.9），配制至少5个标准工作溶液，其浓度范围应包括试液中铜的浓度。按步骤L.2.4.4中的条件由低到高浓度测定其吸光度。

用减去空白的吸光度与相对应的元素含量（mg/L）绘制标准曲线。

表L.2　标准曲线溶液浓度

铜标准使用液加入体积（mL）	0.00	0.50	1.00	2.00	3.00	5.00
标准曲线溶液浓度Cu（mg/L）	0.00	0.20	0.40	0.80	1.20	2.00

注：可根据不同仪器灵敏度调整标准系列溶液的质量浓度。

L.2.4.4　测定

按照仪器使用说明书调节仪器至最佳工作条件，测定试液的吸光度。

L.2.4.5　空白试验

用去离子水代替试样，采用和L.2.4.2相同的步骤和试剂，制备全程序空白溶液。并按步骤L.2.4.4进行测定。每批样品至少制备2个以上的空白溶液。

L.2.5　分析结果的表述

铜的含量w以毫克每千克（mg/kg）表示，按式（L.1）计算：

$$w = \frac{c \times V \times D}{m} \tag{L.1}$$

式中：　c ——试液的吸光度减去空白试验的吸光度，然后在校准曲线上查得铜的含量，单位为毫克每升（mg/L）；

　　　　V ——试液定容的体积，单位为毫升（mL）；

D ——测定时试样溶液的稀释倍数；

m ——试料的质量，单位为克（g）。

取平行测定结果的算术平均值为测定结果，结果保留到小数点后2位。

L.3 等离子体发射光谱法

L.3.1 原理

采用盐酸-硝酸-氢氟酸-高氯酸全分解的方法，使样品中的待测元素全部进入试液。试样溶液中的铜在ICP光源中原子化并激发至高能态，处于高能态的原子跃迁至基态时产生具有特征波长的电磁辐射，发射强度与铜原子浓度成正比。

L.3.2 试剂和材料

所用试剂、水和溶液的配制，在未注明规格和配制方法时，均应按HG/T 3696规定执行。

L.3.2.1 盐酸（HCl）：$\rho = 1.19g/mL$，优级纯。

L.3.2.2 硝酸（HNO_3）：$\rho = 1.42g/mL$，优级纯。

L.3.2.3 硝酸溶液，1+1：用（L.3.2.2）配制。

L.3.2.4 硝酸溶液，体积分数为0.2%：用（L.3.2.2）配制。

L.3.2.5 氢氟酸（HF）：$\rho = 1.49g/mL$。

L.3.2.6 高氯酸（$HClO_4$）：$\rho = 1.68g/mL$，优级纯。

L.3.2.7 铜标准溶液：$\rho（Cu）= 1mg/mL$。

L.3.2.8 高纯氩气。

L.3.3 仪器和设备

L.3.3.1 通常实验室仪器。

L.3.3.2 等离子体发射光谱仪。

L.3.4 分析步骤

L.3.4.1 试样的制备

按L.2.4.1 规定执行。

L.3.4.2 试样液溶的制备

按L.2.4 规定执行。

L.3.4.3 标准曲线的绘制

分别吸取铜标准溶液（L.3.2.7）0mL、0.50mL、1.00mL、4.00mL、8.00mL、10.00mL于6个100mL容量瓶中，用水定容，混匀。此标准系列溶液铜的质量浓度分别为0μg/mL、5.0μg/mL、10.0μg/mL、40.0μg/mL、80.0μg/mL、100.0μg/mL。

测定前，根据待测元素性质和仪器性能，进行氩气流量、观测高度、射频发生器功率、积分时间等测量条件优化。然后，用等离子体发射光谱仪在波长324.754nm处测定各标准溶液的发射强度。以各标准溶液铜的质量浓度（μg/mL）为横坐标，相应的发射强度为纵坐标，绘制标准曲线。

注：可根据不同仪器灵敏度调整标准系列溶液的质量浓度。

L.3.4.4 测定

试样溶液直接（或适当稀释后）在与测定标准系列溶液相同的条件下，测得铜的发射强度，在标准曲线上查出相应铜的质量浓度（μg/mL）。

L.3.4.5 空白试验

除不加试样外，其他步骤同试样溶液的测定。

L.3.5 分析结果的表述

全铜的含量w以质量分数（%）表示，按式（L.2）计算：

$$w = \frac{(\rho - \rho_0)D \times 50}{m \times 10^6} \times 100 \qquad (L.2)$$

式中： ρ ——由工作曲线查出的试样溶液铜的质量浓度，单位
为微克每毫升（μg/mL）；

ρ_0 ——由工作曲线查出的空白溶液中铜的质量浓度，单
位为微克每毫升（μg/mL）；

D ——测定时试样溶液的稀释倍数；

50 ——试样溶液的体积，单位为毫升（mL）；

m ——试料的质量，单位为克（g）；

10^6 ——将克（g）换算成微克（μg）的系数。

取平行测定结果的算术平均值为测定结果，结果保留到小数
点后2位。

M 畜禽粪肥 全铁含量的测定

M.1 范围

本节规定了畜禽粪肥中全铁含量测定的试验方法。

本节适用于畜禽粪肥样品全铁含量的测定。

M.2 原子吸收分光光度法

M.2.1 原理

采用盐酸–硝酸–氢氟酸–高氯酸全分解的方法，加入适量的掩蔽剂，使样品中的待测元素全部进入试液，然后将试液喷入空气–乙炔火焰中，在火焰的高温下，铁化合物离解为基态原子，该基态原子蒸气对相应的空心阴极灯发射的特征谱线产生选择性吸收。在选择的最佳测定条件下，测定铁的吸光度。

M.2.2 试剂和材料

所用试剂、水和溶液的配制，在未注明规格和配制方法时，均应按HG/T 3696规定执行。

M.2.2.1 盐酸（HCl）：$\rho = 1.19$g/mL，优级纯。

M.2.2.2 硝酸（HNO_3）：$\rho = 1.42$g/mL，优级纯。

M.2.2.3 硝酸溶液，1+1：用（M.2.2.2）配制。

M.2.2.4 硝酸溶液，体积分数为0.2%：用（M.2.2.2）配制。

M.2.2.5 氢氟酸（HF）：$\rho = 1.49$g/mL。

M.2.2.6 高氯酸（$HClO_4$）：$\rho = 1.68$g/mL，优级纯。

M.2.2.7 硝酸镧［La（NO_3）$_3$·6H_2O］水溶液，质量分数为5%。

M.2.2.8 铁标准储备液，1 000mg/L：称取1.000 0g（精确至0.000 2g）光谱纯金属铁于50mL烧杯中，加入硝酸溶液（M.2.2.3）20mL，温热，待完全溶解后，转至1 000mL容量瓶中，用水定容至标线，摇匀。

M.2.2.9 铁标准使用液，10.0mg/L：用硝酸溶液（M.2.2.4）逐级稀释铁标准储备液（M.2.2.8）配制。

M.2.3 仪器和设备

M.2.3.1 通常实验室仪器。

M.2.3.2 原子吸收分光光度计（带有背景校正器）。

M.2.3.3 铁空心阴极灯。

M.2.3.4 乙炔钢瓶。

M.2.3.5 空气压缩机，应备有除水、除油和除尘装置。

M.2.3.6 仪器参数

不同型号仪器的最佳测试条件不同，可根据仪器使用说明书自行选择。通常本文件采用表M.1中的测量条件。

表M.1 仪器测量条件

元素	铁
测定波长（nm）	248.3
通带宽度（nm）	1.3
灯电流（mA）	7.5
火焰性质	氧化性

M.2.4 分析步骤

M.2.4.1 试样的制备

固体样品经多次缩分后，取出约100g，将其迅速研磨至全部

通过0.50mm孔径筛（如样品潮湿，可通过1.00mm筛子），混合均匀，置于洁净、干燥容器中；液体样品经多次摇动后，迅速取出约100mL，置于洁净、干燥的容器中。

M.2.4.2　试样溶液的制备

准确称取0.2g～0.5g（精确至0.000 2g）试样于50mL聚四氟乙烯坩埚中，用水润湿后加入10mL盐酸（M.2.2.1），于通风橱内的电热板上低温加热，使样品初步分解，待蒸发至约剩3mL左右时，取下稍冷，然后加入5mL硝酸（M.2.2.2）、5mL氢氟酸（M.2.2.5）、3mL高氯酸（M.2.2.6），加盖后于电热板上中温加热。1h后，开盖，继续加热除硅，为了达到良好的飞硅效果，应经常摇动坩埚。当加热至冒浓厚白烟时，加盖，使黑色有机碳化物分解。待坩埚壁上的黑色有机物消失后，开盖驱赶高氯酸白烟并蒸至内容物呈黏稠状。视消解情况可再加入3mL硝酸（M.2.2.2），3mL氢氟酸（M.2.2.5）和1mL高氯酸（M.2.2.6），重复上述消解过程。当白烟再次基本冒尽且坩埚内容物呈黏稠状时，取下稍冷，用水冲洗坩埚盖和内壁，并加入1 mL硝酸溶液（M.2.2.3）温热溶解残渣。然后将溶液转移至50mL容量瓶中，加入5mL硝酸镧溶液（M.2.2.7）。冷却后定容至标线摇匀，备测。

在消解时，要注意观察，各种酸的用量可视消解情况酌情增减。消解液应呈白色或淡黄色（含铁量高的样品），没有明显沉淀物存在。

注意：电热板温度不宜太高，否则会使聚四氟乙烯坩埚变形。

M.2.4.3　标准曲线的绘制

参考表M.2，在50mL容量瓶中，各加入5 mL硝酸镧溶液（M.2.2.7），用硝酸溶液（M.2.2.4）稀释铁标准使用液（M.2.2.9），配制至少5个标准工作溶液，其浓度范围应包括试液中铁的浓度。按步骤M.2.4.4中的条件由低到高浓度测定其吸光度。

用减去空白的吸光度与相对应的元素含量（mg/L）绘制标准曲线。

表M.2 标准曲线溶液浓度

铁标准使用液加入体积（mL）	0.00	0.50	1.00	2.00	3.00	5.00
标准曲线溶液浓度Fe（mg/L）	0.00	0.10	0.20	0.40	0.60	1.00

注：可根据不同仪器灵敏度调整标准系列溶液的质量浓度。

M.2.4.4 测定

按照仪器使用说明书调节仪器至最佳工作条件，测定试液的吸光度。

M.2.4.5 空白试验

用去离子水代替试样，采用和M.2.4.2相同的步骤和试剂，制备全程序空白溶液，并按步骤M.2.4.4进行测定。每批样品至少制备2个以上的空白溶液。

M.2.5 分析结果的表述

全铁的含量w以毫克每千克（mg/kg）表示，按式（M.1）计算：

$$w = \frac{c \times V \times D}{m} \qquad (M.1)$$

式中： c ——试液的吸光度减去空白试验的吸光度，然后在校准曲线上查得铁的含量，单位为毫克每升（mg/L）；

V ——试液定容的体积，单位为毫升（mL）；

D ——测定时试样溶液的稀释倍数；

m ——试料的质量，单位为克（g）。

取平行测定结果的算术平均值为测定结果，结果保留到小数点后2位。

M.3 等离子体发射光谱法

M.3.1 原理

采用盐酸–硝酸–氢氟酸–高氯酸全分解的方法，使样品中的待测元素全部进入试液。试样溶液中的铁在ICP光源中原子化并激发至高能态，处于高能态的原子跃迁至基态时产生具有特征波长的电磁辐射，发射强度与铁原子浓度成正比。

M.3.2 试剂和材料

所用试剂、水和溶液的配制，在未注明规格和配制方法时，均应按HG/T 3696规定执行。

M.3.2.1 盐酸（HCl）：$\rho = 1.19 g/mL$，优级纯。

M.3.2.2 硝酸（HNO_3）：$\rho = 1.42 g/mL$，优级纯。

M.3.2.3 硝酸溶液，1+1：用（M.3.2.2）配制。

M.3.2.4 硝酸溶液，体积分数为0.2%：用（M.3.2.2）配制。

M.3.2.5 氢氟酸（HF）：$\rho = 1.49 g/mL$。

M.3.2.6 高氯酸（$HClO_4$）：$\rho = 1.68 g/mL$，优级纯。

M.3.2.7 铁标准溶液：$\rho（Fe）= 1 mg/mL$。

M.3.2.8 高纯氩气。

M.3.3 仪器和设备

M.3.3.1 通常实验室仪器。

M.3.3.2 等离子体发射光谱仪。

M.3.4 分析步骤

M.3.4.1 试样的制备

按M.2.4.1规定执行。

M.3.4.2 试样溶液的制备

按M.2.4.2规定执行。

M.3.4.3 标准曲线的绘制

分别吸取铁标准溶液（M.3.2.7）0mL、0.50mL、1.00mL、4.00mL、8.00mL、10.00mL于6个100mL容量瓶中，用水定容，混匀。此标准系列铁的质量浓度分别为0μg/mL、5.0μg/mL、10.0μg/mL、40.0μg/mL、80.0μg/mL、100.0μg/mL。

测定前，根据待测元素性质和仪器性能，进行氩气流量、观测高度、射频发生器功率、积分时间等测量条件优化。然后，用等离子体发射光谱仪在波长238.204nm处测定各标准溶液的辐射强度。以各标准溶液铁的质量浓度（μg/mL）为横坐标，相应的辐射强度为纵坐标，绘制工作曲线。

注：可根据不同仪器灵敏度调整标准曲线的质量浓度。

M.3.4.4 测定

试样溶液直接（或适当稀释后）在与测定标准系列溶液相同的条件下，测得铁的发射强度，在标准曲线上查出相应铁的质量浓度（μg/mL）。

M.3.4.5 空白试验

除不加试样外，其他步骤同试样溶液的测定。

M.3.5 分析结果的表述

全铁的含量w以质量分数（%）表示，按式（M.2）计算：

$$w = \frac{(\rho - \rho_0)D \times 50}{m \times 10^6} \times 100 \qquad （M.2）$$

式中： ρ ——由工作曲线查出的试样溶液铁的质量浓度，单位
　　　　为微克每毫升（μg/mL）；

　　　 ρ_0 ——由工作曲线查出的空白溶液中铁的质量浓度，单
　　　　位为微克每毫升（μg/mL）；

　　　 D ——测定时试样溶液的稀释倍数；

　　　 50 ——试样溶液的体积，单位为毫升（mL）；

　　　 m ——试料的质量，单位为克（g）；

　　　 10^6 ——将克（g）换算成微克（μg）的系数。

　　取平行测定结果的算术平均值为测定结果，结果保留到小数点后2位。

N 畜禽粪肥 全锰含量的测定

N.1 范围

本节规定了畜禽粪肥中全锰含量测定的试验方法。

本节适用于畜禽粪肥样品全锰含量的测定。

N.2 原子吸收分光光度法

N.2.1 原理

采用盐酸–硝酸–氢氟酸–高氯酸全分解的方法，加入适量的掩蔽剂，使样品中的待测元素全部进入试液，然后将试液喷入空气–乙炔火焰中，在火焰的高温下，锰化合物离解为基态原子，该基态原子蒸气对相应的空心阴极灯发射的特征谱线产生选择性吸收。在选择的最佳测定条件下，测定锰的吸光度。

N.2.2 试剂和材料

所用试剂、水和溶液的配制，在未注明规格和配制方法时，均应按HG/T 3696规定执行。

N.2.2.1 盐酸（HCl）：$\rho = 1.19g/mL$，优级纯。

N.2.2.2 硝酸（HNO_3）：$\rho = 1.42g/mL$，优级纯。

N.2.2.3 硝酸溶液，1+1：用（N.2.2.2）配制。

N.2.2.4 硝酸溶液，体积分数为0.2%：用（N.2.2.2）配制。

N.2.2.5 氢氟酸（HF）：$\rho = 1.49g/mL$。

N.2.2.6 高氯酸（$HClO_4$）：$\rho = 1.68g/mL$，优级纯。

N.2.2.7 硝酸镧［$La(NO_3)_3 \cdot 6H_2O$］水溶液，质量分数为5%。

N.2.2.8 锰标准储备液，1 000mg/L：称取1.000 0g（精确

至0.000 2g）光谱纯金属锰粒于50mL烧杯中，用20mL硝酸溶液
（N.2.2.3）溶解后，转移至1 000mL容量瓶中，用水定容至标线，
摇匀。

N.2.2.9 锰标准使用液，10.0mg/L：用硝酸溶液（N.2.2.4）逐
级稀释锰标准储备液（N.2.2.8）配制。

N.2.3 仪器和设备

N.2.3.1 通常实验室仪器。

N.2.3.2 原子吸收分光光度计（带有背景校正器）。

N.2.3.3 锰空心阴极灯。

N.2.3.4 乙炔钢瓶。

N.2.3.5 空气压缩机，应备有除水、除油和除尘装置。

N.2.3.6 仪器参数。

不同型号仪器的最佳测试条件不同，可根据仪器使用说明书
自行选择。通常本文件采用表N.1中的测量条件。

表N.1 仪器测量条件

元素	锰
测定波长（nm）	279.5
通带宽度（nm）	1.3
灯电流（mA）	7.5
火焰性质	氧化性

N.2.4 分析步骤

N.2.4.1 试样的制备

固体样品经多次缩分后，取出约100g，将其迅速研磨至全部

通过0.50mm孔径筛（如样品潮湿，可通过1.00mm筛子），混合均匀，置于洁净、干燥容器中；液体样品经多次摇动后，迅速取出约100mL，置于洁净、干燥的容器中。

N.2.4.2 试液的制备

准确称取0.2g～0.5g（精确至0.000 2g）试样于50mL聚四氟乙烯坩埚中，用水润湿后加入10mL盐酸（N.2.2.1），于通风橱内的电热板上低温加热，使样品初步分解，待蒸发至约剩3mL左右时，取下稍冷，然后加入5mL硝酸（N.2.2.2）、5mL氢氟酸（N.2.2.5）、3mL高氯酸（N.2.2.6），加盖后于电热板上中温加热。1h后，开盖，继续加热除硅，为了达到良好的飞硅效果，应经常摇动坩埚。当加热至冒浓厚白烟时，加盖，使黑色有机碳化物分解。待坩埚壁上的黑色有机物消失后，开盖驱赶高氯酸白烟并蒸至内容物呈黏稠状。视消解情况可再加入3mL硝酸（N.2.2.2）、3mL氢氟酸（N.2.2.5）、1mL高氯酸（N.2.2.6），重复上述消解过程。当白烟再次基本冒尽且坩埚内容物呈黏稠状时，取下稍冷，用水冲洗坩埚盖和内壁，并加入1 mL硝酸溶液（N.2.2.3）温热溶解残渣。然后将溶液转移至50mL容量瓶中，加入5mL硝酸镧溶液（N.2.2.7）。冷却后定容至标线摇匀，备测。

在消解时，要注意观察，各种酸的用量可视消解情况酌情增减。消解液应呈白色或淡黄色，没有明显沉淀物存在。

注意：电热板温度不宜太高，否则会使聚四氟乙烯坩埚变形。

N.2.4.3 标准曲线的绘制

参考表N.2，在50mL容量瓶中，各加入5mL硝酸镧溶液（N.2.2.7），用硝酸溶液（N.2.2.4）稀释锰标准使用液（N.2.2.9），配制至少5个标准工作溶液，其浓度范围应包括试液中锰的浓度。按步骤N.2.4.4中的条件由低到高浓度测定其吸光度。

用减去空白的吸光度与相对应的元素含量（mg/L）绘制标准曲线。

表N.2 标准曲线溶液浓度

锰标准使用液加入体积（mL）	0.00	0.50	1.00	2.00	3.00	5.00
标准曲线溶液浓度Mn（mg/L）	0.00	0.10	0.20	0.40	0.60	1.00

注：可根据不同仪器灵敏度调整标准系列溶液的质量浓度。

N.2.4.4 测定

按照仪器使用说明书调节仪器至最佳工作条件，测定试液的吸光度。

N.2.4.5 空白试验

用去离子水代替试样，采用和N.2.4.2相同的步骤和试剂，制备全程序空白溶液，并按步骤N.2.4.4进行测定。每批样品至少制备2个以上的空白溶液。

N.2.5 分析结果的表述

全锰的含量w以毫克每千克（mg/kg）表示，按式（N.1）计算：

$$w = \frac{c \times V \times D}{m} \qquad (N.1)$$

式中： c ——试液的吸光度减去空白试验的吸光度，然后在校准曲线上查得锰的含量，单位为毫克每升（mg/L）；

V ——试液定容的体积，单位为毫升（mL）；

D ——测定时试样溶液的稀释倍数；

m ——试料的质量，单位为克（g）。

取平行测定结果的算术平均值为测定结果,结果保留到小数点后2位。

N.3 等离子体发射光谱法

N.3.1 原理

采用盐酸–硝酸–氢氟酸–高氯酸全分解的方法,使样品中的待测元素全部进入试液。试样溶液中的锰在ICP光源中原子化并激发至高能态,处于高能态的原子跃迁至基态时产生具有特征波长的电磁辐射,发射强度与锰原子浓度成正比。

N.3.2 试剂和材料

所用试剂、水和溶液的配制,在未注明规格和配制方法时,均应按HG/T 3696规定执行。

N.3.2.1 盐酸(HCl):ρ=1.19g/mL,优级纯。

N.3.2.2 硝酸(HNO$_3$):ρ=1.42g/mL,优级纯。

N.3.2.3 硝酸溶液,1+1:用(N.3.2.2)配制。

N.3.2.4 硝酸溶液,体积分数为0.2%:用(N.3.2.2)配制。

N.3.2.5 氢氟酸(HF):ρ=1.49g/mL。

N.3.2.6 高氯酸(HClO$_4$):ρ=1.68g/mL,优级纯。

N.3.2.7 锰标准溶液:ρ(Mn)=1mg/mL。

N.3.2.8 高纯氩气。

N.3.3 仪器和设备

N.3.3.1 通常实验室仪器。

N.3.3.2 等离子体发射光谱仪。

N.3.4 分析步骤

N.3.4.1 试样的制备

按N.2.4.1规定执行。

N.3.4.2 试样溶液的制备

按N.2.4.2规定执行。

N.3.4.3 标准曲线的绘制

分别吸取锰标准溶液（N.3.2.7）0mL、0.50mL、1.00mL、4.00mL、8.00mL、10.00mL于6个100mL容量瓶中，用水定容，混匀。此标准系列锰的质量浓度分别为0μg/mL、5.0μg/mL、10.0μg/mL、40.0μg/mL、80.0μg/mL、100.0μg/mL。

测定前，根据待测元素性质和仪器性能，进行氩气流量、观测高度、射频发生器功率、积分时间等测量条件优化。然后，用等离子体发射光谱仪在波长260.568nm处测定各标准溶液的辐射强度。以各标准溶液锰的质量浓度（μg/mL）为横坐标，相应的辐射强度为纵坐标，绘制工作曲线。

注：可根据不同仪器灵敏度调整标准曲线的质量浓度。

N.3.4.4 测定

试样溶液直接（或适当稀释后）在与测定标准系列溶液相同的条件下，测得锰的发射强度，在标准曲线上查出相应锰的质量浓度（μg/mL）。

N.3.4.5 空白试验

除不加试样外，其他步骤同试样溶液的测定。

N.3.5 分析结果的表述

全锰的含量w以质量分数（%）表示，按式（N.2）计算：

$$w = \frac{(\rho - \rho_0)D \times 50}{m \times 10^6} \times 100 \qquad (\text{N.2})$$

式中： ρ ——由工作曲线查出的试样溶液锰的质量浓度，单位
为微克每毫升（μg/mL）；

ρ_0 ——由工作曲线查出的空白溶液中锰的质量浓度，单
位为微克每毫升（μg/mL）；

D ——测定时试样溶液的稀释倍数；

50 ——试样溶液的体积，单位为毫升（mL）；

m ——试料的质量，单位为克（g）；

10^6 ——将克（g）换算成微克（μg）的系数。

取平行测定结果的算术平均值为测定结果，结果保留到小数
点后2位。

O 畜禽粪肥 全锌含量的测定

O.1 范围

本节规定了畜禽粪肥中全锌含量测定的试验方法。

本节适用于畜禽粪肥样品全锌含量的测定。

O.2 原子吸收分光光度法

O.2.1 原理

采用盐酸–硝酸–氢氟酸–高氯酸全分解的方法，加入适量的掩蔽剂，使样品中的待测元素全部进入试液，然后将试液喷入空气–乙炔火焰中，在火焰的高温下，锌化合物离解为基态原子，该基态原子蒸气对相应的空心阴极灯发射的特征谱线产生选择性吸收。在选择的最佳测定条件下，测定锌的吸光度。

O.2.2 试剂和材料

所用试剂、水和溶液的配制，在未注明规格和配制方法时，均应按HG/T 3696规定执行。

O.2.2.1 盐酸（HCl）：$\rho = 1.19\text{g/mL}$，优级纯。

O.2.2.2 硝酸（HNO_3）：$\rho = 1.42\text{g/mL}$，优级纯。

O.2.2.3 硝酸溶液，1+1：用（O.2.2.2）配制。

O.2.2.4 硝酸溶液，体积分数为0.2%：用（O.2.2.2）配制。

O.2.2.5 氢氟酸（HF）：$\rho = 1.49\text{g/mL}$。

O.2.2.6 高氯酸（$HClO_4$）：$\rho = 1.68\text{g/mL}$，优级纯。

O.2.2.7 硝酸镧［$La(NO_3)_3 \cdot 6H_2O$］水溶液，质量分数为5%。

O.2.2.8 锌标准储备液，1 000mg/L：称取1.000 0g（精确

至0.000 2g）光谱纯金属锌粒于50mL烧杯中，用20mL硝酸溶液（O.2.2.3）溶解后，转移至1 000mL容量瓶中，用水定容至标线，摇匀。

O.2.2.9　锌标准使用液，10.0mg/L：用硝酸溶液（O.2.2.4）逐级稀释锌标准储备液（O.2.2.8）配制。

O.2.3　仪器和设备

O.2.3.1　通常实验室仪器。

O.2.3.2　原子吸收分光光度计（带有背景校正器）。

O.2.3.3　锌空心阴极灯。

O.2.3.4　乙炔钢瓶。

O.2.3.5　空气压缩机，应备有除水、除油和除尘装置。

O.2.3.6　仪器参数

不同型号仪器的最佳测试条件不同，可根据仪器使用说明书自行选择。通常木文件采用表O.1中的测量条件。

表O.1　仪器测量条件

元素	锌
测定波长（nm）	213.8
通带宽度（nm）	1.3
灯电流（mA）	7.5
火焰性质	氧化性
其他可测定波长（nm）	307.6

O.2.4　分析步骤

O.2.4.1　试样的制备

固体样品经多次缩分后，取出约100g，将其迅速研磨至全部

通过0.50mm孔径筛（如样品潮湿，可通过1.00mm筛子），混合均匀，置于洁净、干燥容器中；液体样品经多次摇动后，迅速取出约100mL，置于洁净、干燥的容器中。

O.2.4.2 试样溶液的制备

准确称取0.2g～0.5g（精确至0.000 2g）试样于50mL聚四氟乙烯坩埚中，用水润湿后加入10mL盐酸（O.2.2.1），于通风橱内的电热板上低温加热，使样品初步分解，待蒸发至约剩3mL左右时，取下稍冷，然后加入5mL硝酸（O.2.2.2）、5mL氢氟酸（O.2.2.5）、3mL高氯酸（O.2.2.6），加盖后于电热板上中温加热。1h后，开盖，继续加热除硅，为了达到良好的飞硅效果，应经常摇动坩埚。当加热至冒浓厚白烟时，加盖，使黑色有机碳化物分解。待坩埚壁上的黑色有机物消失后，开盖驱赶高氯酸白烟并蒸至内容物呈黏稠状。视消解情况可再加入3mL硝酸（O.2.2.2）、3mL氢氟酸（O.2.2.5）、1mL高氯酸（O.2.2.6），重复上述消解过程。当白烟再次基本冒尽且坩埚内容物呈黏稠状时，取下稍冷，用水冲洗坩埚盖和内壁，并加入1 mL硝酸溶液（O.2.2.3）温热溶解残渣。然后将溶液转移至50mL容量瓶中，加入5mL硝酸镧溶液（O.2.2.7）。冷却后定容至标线摇匀，备测。

在消解时，要注意观察，各种酸的用量可视消解情况酌情增减。消解液应呈白色或淡黄色，没有明显沉淀物存在。

注意：电热板温度不宜太高，否则会使聚四氟乙烯坩埚变形。

O.2.4.3 标准曲线的绘制

参考表O.2，在50mL容量瓶中，各加入5mL硝酸镧溶液（O.2.2.7），用硝酸溶液（O.2.2.4）稀释锌标准使用液（O.2.2.9），配制至少5个标准工作溶液，其浓度范围应包括试液中锌的浓度。按步骤O.2.4.4中的条件由低到高浓度测定其吸光度。

用减去空白的吸光度与相对应的元素含量（mg/L）绘制标准曲线。

表O.2　标准曲线溶液浓度

锌标准使用液加入体积（mL）	0.00	0.50	1.00	2.00	3.00	5.00
标准曲线溶液浓度Zn（mg/L）	0.00	0.10	0.20	0.40	0.60	1.00

注：可根据不同仪器灵敏度调整标准系列溶液的质量浓度。

O.2.4.4　测定

按照仪器使用说明书调节仪器至最佳工作条件，测定试液的吸光度。

O.2.4.5　空白试验

用去离子水代替试样，采用和O.2.4.2相同的步骤和试剂，制备全程序空白溶液。并按步骤O.2.4.4进行测定。每批样品至少制备2个以上的空白溶液。

O.2.5　分析结果的表述

全锌的含量w以毫克每千克（mg/kg）表示，按式（O.1）计算：

$$w = \frac{c \times V \times D}{m} \qquad （O.1）$$

式中：　c——试液的吸光度减去空白试验的吸光度，然后在校准曲线上查得锌的含量，单位为毫克每升（mg/L）；

　　　　V——试液定容的体积，单位为毫升（mL）；

　　　　D——测定时试样溶液的稀释倍数；

　　　　m——试料的质量，单位为克（g）。

取平行测定结果的算术平均值为测定结果，结果保留到小数点后2位。

O.3 等离子体发射光谱法

O.3.1 原理

采用盐酸-硝酸-氢氟酸-高氯酸全分解的方法，使样品中的待测元素全部进入试液。试样溶液中的锌在ICP光源中原子化并激发至高能态，处于高能态的原子跃迁至基态时产生具有特征波长的电磁辐射，发射强度与锌原子浓度成正比。

O.3.2 试剂和材料

所用试剂、水和溶液的配制，在未注明规格和配制方法时，均应按HG/T 3696规定执行。

O.3.2.1 盐酸（HCl）：$\rho = 1.19\text{g/mL}$，优级纯。

O.3.2.2 硝酸（HNO_3）：$\rho = 1.42\text{g/mL}$，优级纯。

O.3.2.3 硝酸溶液，1+1：用4.2.2配制。

O.3.2.4 硝酸溶液，体积分数为0.2%：用O.3.2.2 配制。

O.3.2.5 氢氟酸（HF）：$\rho = 1.49\text{g/mL}$。

O.3.2.6 高氯酸（$HClO_4$）：$\rho = 1.68\text{g/mL}$，优级纯。

O.3.2.7 锌标准溶液：ρ（Zn）$= 1\text{mg/mL}$。

O.3.2.8 高纯氩气。

O.3.3 仪器和设备

O.3.3.1 通常实验室仪器；

O.3.3.2 等离子体发射光谱仪。

O.3.4 分析步骤

O.3.4.1 试样的制备

按O.2.4.1规定执行。

O.3.4.2 试样溶液的制备

按O.2.4.2规定执行。

O.3.4.3 标准曲线的绘制

分别吸取锌标准溶液（O.3.2.7）0mL、0.50mL、1.00mL、4.00mL、8.00mL、10.00mL于6个100mL容量瓶中，用水定容，混匀。此标准系列溶液锌的质量浓度分别为0μg/mL、5.0μg/mL、10.0μg/mL、40.0μg/mL、80.0μg/mL、100.0μg/mL。

测定前，根据待测元素性质和仪器性能，进行氩气流量、观测高度、射频发生器功率、积分时间等测量条件优化。然后，用等离子体发射光谱仪在波长213.857nm处测定各标准溶液的发射强度。以各标准溶液锌的质量浓度（μg/mL）为横坐标，相应的发射强度为纵坐标，绘制标准曲线。

注：可根据不同仪器灵敏度调整标准系列溶液的质量浓度。

O.3.4.4 测定

试样溶液直接（或适当稀释后）在与测定标准系列溶液相同的条件下，测得锌的发射强度，在标准曲线上查出相应锌的质量浓度（μg/mL）。

O.3.4.5 空白试验

除不加试样外，其他步骤同试样溶液的测定。

O.3.5 分析结果的表述

全锌的含量w以质量分数（%）表示，按式（O.2）计算：

$$w = \frac{(\rho - \rho_0)D \times 50}{m \times 10^6} \times 100 \qquad （O.2）$$

式中： ρ ——由工作曲线查出的试样溶液锌的质量浓度，单位为微克每毫升（μg/mL）；

ρ_0 ——由工作曲线查出的空白溶液中锌的质量浓度，单位为微克每毫升（μg/mL）；

D ——测定时试样溶液的稀释倍数；

50 ——试样溶液的体积，单位为毫升（mL）；

m ——试料的质量，单位为克（g）；

10^6 ——将克（g）换算成微克（μg）的系数。

取平行测定结果的算术平均值为测定结果，结果保留到小数点后2位。

P 畜禽粪肥 全硼含量的测定

P.1 范围

本节规定了畜禽粪肥中全硼含量测定的试验方法。

本节适用于畜禽粪肥样品全硼含量的测定。

P.2 等离子体发射光谱法

P.2.1 原理

采用盐酸–硝酸–氢氟酸–高氯酸全分解的方法，加入适量的掩蔽剂，使样品中的待测元素全部进入试液。试样溶液中的硼在ICP光源中原子化并激发至高能态，处于高能态的原子跃迁至基态时产生具有特征波长的电磁辐射，辐射强度与硼原子浓度成正比。

P.2.2 试剂和材料

所用试剂、水和溶液的配制，在未注明规格和配制方法时，均应按HG/T 3696规定执行。

P.2.2.1 盐酸（HCl）：$\rho = 1.19 \text{g/mL}$，优级纯。

P.2.2.2 硝酸（HNO_3）：$\rho = 1.42 \text{g/mL}$，优级纯。

P.2.2.3 硝酸溶液，1+1：用（P.2.2.2）配制。

P.2.2.4 硝酸溶液，体积分数为0.2%：用P.2.2.2 配制。

P.2.2.5 氢氟酸（HF）：$\rho = 1.49 \text{g/mL}$。

P.2.2.6 高氯酸（$HClO_4$）：$\rho = 1.68 \text{g/mL}$，优级纯。

P.2.2.7 硼标准溶液：ρ（B）$= 1 \text{mg/mL}$。

P.2.2.8 高纯氩气。

P.2.3 仪器和设备

P.2.3.1 通常实验室仪器。

P.2.3.2 等离子体发射光谱仪。

P.2.4 分析步骤

P.2.4.1 试样的制备

固体样品经多次缩分后，取出约100g，将其迅速研磨至全部通过0.50mm孔径筛（如样品潮湿，可通过1.00mm筛子），混合均匀，置于洁净、干燥容器中；液体样品经多次摇动后，迅速取出约100mL，置于洁净、干燥的容器中。

P.2.4.2 试样溶液的制备

准确称取0.2g～0.5g（精确至0.000 2g）试样于50mL聚四氟乙烯坩埚中，用水润湿后加入10mL盐酸（P.2.2.1），于通风橱内的电热板上低温加热，使样品初步分解，待蒸发至约剩3mL左右时，取下稍冷，然后加入5mL硝酸（P.2.2.2）、5mL氢氟酸（P.2.2.5）、3mL高氯酸（P.2.2.6），加盖后于电热板上中温加热。1h后，开盖，继续加热除硅，为了达到良好的飞硅效果，应经常摇动坩埚。当加热至冒浓厚白烟时，加盖，使黑色有机碳化物分解。待坩埚壁上的黑色有机物消失后，开盖驱赶高氯酸白烟并蒸至内容物呈黏稠状。视消解情况可再加入3mL硝酸（P.2.2.2）、3mL氢氟酸（P.2.2.5）、1mL高氯酸（P.2.2.6），重复上述消解过程。当白烟再次基本冒尽且坩埚内容物呈黏稠状时，取下稍冷，用水冲洗坩埚盖和内壁，并加入1 mL硝酸溶液（P.2.2.3）温热溶解残渣。然后将溶液转移至50mL容量瓶中，加入5mL硝酸镧溶液（P.2.2.7）。冷却后定容至标线摇匀，备测。

在消解时，要注意观察，各种酸的用量可视消解情况酌情增减。消解液应呈白色或淡黄色，没有明显沉淀物存在。

注意：电热板温度不宜太高，否则会使聚四氟乙烯坩埚变形。

P.2.4.3 标准曲线的绘制

分别吸取硼标准溶液（P.2.2.7）0mL、0.50mL、1.00mL、4.00mL、8.00mL、10.00mL于6个100mL容量瓶中，用水定容，混匀。此标准系列硼的质量浓度分别为0μg/mL、5.0μg/mL、10.0μg/mL、40.0μg/mL、80.0μg/mL、100.0μg/mL。

测定前，根据待测元素性质和仪器性能，进行氩气流量、观测高度、射频发生器功率、积分时间等测量条件优化。然后，用等离子体发射光谱仪在波长249.772nm处测定各标准溶液的辐射强度。以各标准溶液硼的质量浓度（μg/mL）为横坐标，相应的辐射强度为纵坐标，绘制工作曲线。

注：可根据不同仪器灵敏度调整标准曲线的质量浓度。

P.2.4.4 测定

试样溶液直接（或适当稀释后）在与测定标准系列溶液相同的条件下，测得硼的发射强度，在标准曲线上查出相应硼的质量浓度（μg/mL）。

P.2.4.5 空白试验

除不加试样外，其他步骤同试样溶液的测定。

P.2.5 分析结果的表述

全硼的含量w以质量分数（%）表示，按式（P.1）计算：

$$w = \frac{(\rho - \rho_0)D \times 50}{m \times 10^6} \times 100 \qquad （P.1）$$

式中： ρ ——由工作曲线查出的试样溶液硼的质量浓度，单位为微克每毫升（μg/mL）；

ρ_0——由工作曲线查出的空白溶液中硼的质量浓度，单位为微克每毫升（$\mu g/mL$）；

D——测定时试样溶液的稀释倍数；

50——试样溶液的体积，单位为毫升（mL）；

m——试料的质量，单位为克（g）；

10^6——将克（g）换算成微克（μg）的系数。

取平行测定结果的算术平均值为测定结果，结果保留到小数点后2位。

Q 畜禽粪肥 全钼含量的测定

Q.1 范围

本节规定了畜禽粪肥中全钼含量测定的试验方法。

本节适用于畜禽粪肥样品全钼含量的测定。

Q.2 等离子体发射光谱法

Q.2.1 原理

采用盐酸–硝酸–氢氟酸–高氯酸全分解的方法，加入适量的掩蔽剂，使样品中的待测元素全部进入试液。试样溶液中的钼在ICP光源中原子化并激发至高能态，处于高能态的原子跃迁至基态时产生具有特征波长的电磁辐射，发射强度与钼原子浓度成正比。

Q.2.2 试剂和材料

所用试剂、水和溶液的配制，在未注明规格和配制方法时，均应按HG/T 3696规定执行。

Q.2.2.1 盐酸（HCl）：$\rho = 1.19g/mL$，优级纯。

Q.2.2.2 硝酸（HNO_3）：$\rho = 1.42g/mL$，优级纯。

Q.2.2.3 硝酸溶液，1+1：用（Q.2.2.2）配制。

Q.2.2.4 硝酸溶液，体积分数为0.2%：用（Q.2.2.2）配制。

Q.2.2.5 氢氟酸（HF）：$\rho = 1.49g/mL$。

Q.2.2.6 高氯酸（$HClO_4$）：$\rho = 1.68g/mL$，优级纯。

Q.2.2.7 钼标准溶液：ρ（Mo）= 1mg/mL。

Q.2.2.8 高纯氩气。

Q.2.3 仪器和设备

Q.2.3.1 通常实验室仪器。

Q.2.3.2 等离子体发射光谱仪。

Q.2.4 分析步骤

Q.2.4.1 试样的制备

固体样品经多次缩分后，取出约100g，将其迅速研磨至全部通过0.50mm孔径筛（如样品潮湿，可通过1.00mm筛子），混合均匀，置于洁净、干燥容器中；液体样品经多次摇动后，迅速取出约100mL，置于洁净、干燥的容器中。

Q.2.4.2 试样溶液的制备

准确称取0.2g～0.5g（精确至0.000 2g）试样于50mL聚四氟乙烯坩埚中，用水润湿后加入10mL盐酸（Q.2.2.1），于通风橱内的电热板上低温加热，使样品初步分解，待蒸发至约剩3mL左右时，取下稍冷，然后加入5mL硝酸（Q.2.2.2）、5mL氢氟酸（Q.2.2.5）、3mL高氯酸（Q.2.2.6），加盖后于电热板上中温加热。1h后，开盖，继续加热除硅，为了达到良好的飞硅效果，应经常摇动坩埚。当加热至冒浓厚白烟时，加盖，使黑色有机碳化物分解。待坩埚壁上的黑色有机物消失后，开盖驱赶高氯酸白烟并蒸至内容物呈黏稠状。视消解情况可再加入3mL硝酸（Q.2.2.2）、3mL氢氟酸（Q.2.2.5）、1mL高氯酸（Q.2.2.6），重复上述消解过程。当白烟再次基本冒尽且坩埚内容物呈黏稠状时，取下稍冷，用水冲洗坩埚盖和内壁，并加入1 mL硝酸溶液（Q.2.2.3）温热溶解残渣。然后将溶液转移至50mL容量瓶中，加入5mL硝酸镧溶液（Q.2.2.7）。冷却后定容至标线摇匀，备测。

在消解时，要注意观察，各种酸的用量可视消解情况酌情增减。消解液应呈白色或淡黄色，没有明显沉淀物存在。

注意：电热板温度不宜太高，否则会使聚四氟乙烯坩埚变形。

Q.2.4.3 标准曲线的绘制

分别吸取钼标准溶液（Q.2.2.7）0mL、0.50mL、1.00mL、4.00mL、8.00mL、10.00mL于6个100mL容量瓶中，用水定容，混匀。此标准系列钼的质量浓度分别为0μg/mL、5.0μg/mL、10.0μg/mL、40.0μg/mL、80.0μg/mL、100.0μg/mL。

测定前，根据待测元素性质和仪器性能，进行氩气流量、观测高度、射频发生器功率、积分时间等测量条件优化。然后，用等离子体发射光谱仪在波长202.032nm处测定各标准溶液的辐射强度。以各标准溶液钼的质量浓度（μg/mL）为横坐标，相应的辐射强度为纵坐标，绘制工作曲线。

注：可根据不同仪器灵敏度调整标准曲线的质量浓度。

Q.2.4.4 测定

试样溶液直接（或适当稀释后）在与测定标准系列溶液相同的条件下，测得铜的发射强度，在标准曲线上查出相应铜的质量浓度（μg/mL）。

Q.2.4.5 空白试验

除不加试样外，其他步骤同试样溶液的测定。

Q.2.5 分析结果的表述

全钼的含量以质量分数w计，数值以百分率表示，按式（Q.1）计算：

$$w = \frac{(\rho - \rho_0)D \times 50}{m \times 10^6} \times 100 \tag{Q.1}$$

式中：　ρ ——由工作曲线查出的试样溶液钼的质量浓度，单位为微克每毫升（μg/mL）；

ρ_0——由工作曲线查出的空白溶液中钼的质量浓度，单位为微克每毫升（μg/mL）；

D——测定时试样溶液的稀释倍数；

50——试样溶液的体积，单位为毫升（mL）；

m——试料的质量，单位为克（g）；

10^6——将克（g）换算成微克（μg）的系数。

取平行测定结果的算术平均值为测定结果，结果保留到小数点后2位。

R 畜禽粪肥 氯含量的测定

R.1 范围

本节规定了畜禽粪肥中氯离子含量测定的试验方法。

本节适用于畜禽粪肥样品中氯含量的测定。

R.2 原理

以银电极为指示电极，用硝酸银标准滴定溶液滴定氯离子，借助自动电位滴定仪的电位突变确定反应终点，由消耗的硝酸银标准滴定溶液体积计算氯离子含量。

R.3 试剂和材料

所用试剂、水和溶液的配制，在未注明规格和配制方法时，均应按HG/T 3696规定执行。

R.3.1 硝酸银溶液：c（$AgNO_3$）＝ 0.01mol/L。称取1.7g硝酸银溶于水中，定容至1 000mL，贮存于棕色瓶中。

R.3.2 氯离子标准溶液：ρ（Cl^-）＝ 1mg/mL。准确称取1.648 7g经270℃～300℃烘干4h的基准氯化钠于100mL烧杯中，用水溶解后转移至1 000mL容量瓶中，定容，混匀，贮存于塑料瓶中。

R.4 仪器和设备

R.4.1 通常实验室仪器。

R.4.2 自动电位滴定仪，配有银电极。

R.5 分析步骤

R.5.1 试样的制备

固体样品经多次缩分后，取出约100g，将其迅速研磨至全部通过0.50mm孔径筛（如样品潮湿，可通过1.00mm筛子），混合均匀，置于洁净、干燥容器中；液体样品经多次摇动后，迅速取出约100mL，置于洁净、干燥容器中。

R.5.2 空白试验

按仪器说明书进行空白值测定。

R.5.3 硝酸银溶液的标定

准确吸取3.0mL氯离子标准溶液（R.3.2）于滴定杯中，加水至液面没过电极后标定。两次标定值的相对相差应不大于0.5%。

R.5.4 测定

称取试样0.1g～3g（精确至0.000 1g）于自动电位滴定仪的滴定杯中，加水至液面没过电极，用已标定的硝酸银溶液（R.3.1）进行滴定。若氯离子含量过高，可稀释一定倍数后测定。

R.6 分析结果的表述

氯离子（Cl⁻）含量w以其质量分数（%）表示，按式（R.1）计算：

$$w = \frac{(V_1 - V_2)cD \times 0.03545}{m} \times 100 \qquad (R.1)$$

式中：V_1——测定试样时，消耗硝酸银标准滴定溶液的体积，

单位为毫升（mL）;

V_2 ——测定空白时，消耗硝酸银标准滴定溶液的体积，单位为毫升（mL）;

c ——硝酸银标准滴定溶液的浓度，单位为摩尔每升（mol/L）;

D ——测定时试样溶液的稀释倍数;

0.03545 ——与1.00mL硝酸银准滴定溶液［c（$AgNO_3$）＝1.000mol/L］相当的以克表示的氯离子的质量，单位为克每毫摩尔（g/mmol）;

m ——试料的质量，单位为克（g）。

　　取平行测定结果的算术平均值为测定结果，结果保留到小数点后2位。

S 畜禽粪肥 汞、砷、镉、铅、铬含量的测定

S.1 范围

本节规定了畜禽粪肥中汞、砷、镉、铅、铬含量测定的试验方法。

本节适用于畜禽粪肥样品汞、砷、镉、铅、铬含量的测定。

本节S.7规定了畜禽粪肥样品汞、砷含量同时测定的试验方法，适合于二者浓度差不大于1 000倍的样品。

本节S.8规定了畜禽粪肥样品镉、铅、铬含量同时测定的试验方法。

S.2 汞含量的测定 原子荧光光谱法

S.2.1 原理

在酸性介质中，硼氢化钾可将经消解的试样中汞还原成原子态汞，后由氩气载入石英原子化器中，在特制的汞空心阴极灯的发射光激发下产生原子荧光，利用荧光强度在特定条件下与被测液中的汞浓度成正比的特性，对汞进行测定。

S.2.2 试剂和材料

本文件中所用试剂、水和溶液的配制，在未注明规格和配制方法时，均应按HG/T 3696规定执行。

S.2.2.1 盐酸，优级纯。

S.2.2.2 硝酸，优级纯。

S.2.2.3 王水：将盐酸（S.2.2.1）与硝酸（S.2.2.2）按体积比3∶1混合，放置20min后使用。

S.2.2.4 盐酸溶液：φ（HCl）＝ 3%。

S.2.2.5 盐酸溶液：φ（HCl）＝ 50%。

S.2.2.6 硝酸溶液：φ（HNO_3）＝ 3%。

S.2.2.7 氢氧化钾溶液：ρ（KOH）＝ 5g/L。

S.2.2.8 硼氢化钾溶液：ρ（KBH_4）＝ 10g/L。称取硼氢化钾5.0g，溶于500mL氢氧化钾溶液（S.2.2.7）中，混匀（此溶液于冰箱中可保存10d，常温下应当日使用）。

S.2.2.9 重铬酸钾–硝酸溶液：ρ（$K_2Cr_2O_7$）＝ 0.5g/L。称取0.5g重铬酸钾溶解于1 000mL硝酸溶液（S.2.2.6）中。

S.2.2.10 汞标准储备溶液：ρ（Hg）＝ 1000μg/mL。

S.2.2.11 汞标准溶液：ρ（Hg）＝ 10μg/mL。吸取1 000μg/mL汞标准储备溶液（S.2.2.10）10.0mL，用重铬酸钾–硝酸溶液（S.2.2.9）定容至1 000mL，混匀。

S.2.2.12 汞标准溶液：ρ（Hg）＝ 0.1μg/mL。吸取10μg/mL汞标准溶液（S.2.2.11）10.0mL，用重铬酸钾–硝酸溶液（S.2.2.9）定容至1 000mL，混匀。

S.2.3 仪器和设备

S.2.3.1 通常实验室仪器。

S.2.3.2 原子荧光光度计，附有编码汞空心阴极灯。

S.2.3.3 电热板：温度在250℃内可调。

S.2.4 分析步骤

S.2.4.1 试样的制备

固体样品经多次缩分后，取出约100g，将其迅速研磨至全部通过0.50mm孔径筛（如样品潮湿，可通过1.00mm筛子），混合均匀，置于洁净、干燥容器中；液体样品经多次摇动后，迅速取出约100mL，置于洁净、干燥容器中。

S.2.4.2 试样溶液的制备

称取试样0.2g～2g（精确至0.000 1g）于100mL烧杯中，加入20mL王水（S.2.2.3），盖上表面皿，于150℃～200℃可调电热板上消化（建议先浸泡过夜）30min，取下冷却，过滤，滤液直接收集于50mL容量瓶中。滤干后用少量水冲洗3次以上，合并于滤液中，加入3mL盐酸溶液（S.2.2.5），用水定容，混匀待测。

S.2.4.3 工作曲线的绘制

吸取汞标准溶液（S.2.2.12）0mL、0.20mL、0.40mL、0.60mL、0.80mL、1.00mL于6个50mL容量瓶中，加入3mL盐酸溶液（S.2.2.5），用水定容，混匀。此标准系列溶液汞的质量浓度为：0ng/mL、0.40ng/mL、0.80ng/mL、1.20ng/mL、1.60ng/mL、2.00ng/mL；

根据原子荧光光度计使用说明书的要求，选择仪器的工作条件。

仪器参考条件：光电倍增管负高压270V；汞空心阴极灯电流30mA；原子化器温度200℃；高度8mm；氩气流速400mL/min；屏蔽气1 000mL/min。测量方式：荧光强度或浓度直读。读数方式：峰面积。积分时间：12s。

以盐酸溶液（S.2.2.4）和硼氢化钾溶液（S.2.2.8）为载流，汞含量为0的标准溶液为参比，测定各标准溶液的荧光强度。

以各标准溶液汞的质量浓度（ng/mL）为横坐标，相应的荧光强度为纵坐标，绘制工作曲线。

S.2.4.4 测定

试样溶液直接（或适当稀释后）在与测定标准系列溶液相同的条件下，测定试样溶液的荧光强度，在工作曲线上查出相应汞的质量浓度（ng/mL）。

S.2.4.5 空白试验

除不加试样外，其他步骤同试样溶液的测定。

S.2.5 分析结果的表述

汞（Hg）的含量w以质量分数（mg/kg）表示，按式（S.1）计算：

$$w = \frac{(\rho - \rho_0)D \times 50}{m \times 10^3} \qquad （S.1）$$

式中：　ρ ——由工作曲线查出的试样溶液汞的质量浓度，单位为纳克每毫升（ng/mL）；

　　　　ρ_0 ——由工作曲线查出的空白溶液汞的质量浓度，单位为纳克每毫升（ng/mL）；

　　　　D ——测定时试样溶液的稀释倍数；

　　　　50 ——试样溶液的体积，单位为毫升（mL）；

　　　　m ——试料的质量，单位为克（g）；

　　　　10^3 ——将克（g）换算成毫克（mg）的系数。

取平行测定结果的算术平均值为测定结果，结果保留到小数点后1位。

S.3　砷含量的测定

S.3.1 原子荧光光谱法

S.3.1.1 原理

试样经消解后，加入硫脲使五价砷预还原为三价砷。在酸性介质中，硼氢化钾使砷还原生成砷化氢，由氩气载入石英原子化器中，在特制的砷空心阴极灯的发射光激发下产生原子荧光，利用荧光强度在特定条件下与被测液中的砷浓度成正比的特性，对砷进行测定。

S.3.1.2 试剂和材料

本文件中所用试剂、水和溶液的配制，在未注明规格和配制方法时，均应按HG/T 3696规定执行。

S.3.1.2.1 盐酸，优级纯。

S.3.1.2.2 硝酸，优级纯。

S.3.1.2.3 王水：将盐酸（S.3.1.2.1）与硝酸（S.3.1.2.2）按体积比3∶1混合，放置20min后使用。

S.3.1.2.4 盐酸溶液：φ（HCl）＝3%。

S.3.1.2.5 盐酸溶液：φ（HCl）＝50%。

S.3.1.2.6 硝酸溶液：φ（HNO_3）＝3%。

S.3.1.2.7 氢氧化钾溶液：ρ（KOH）＝5g/L。

S.3.1.2.8 硼氢化钾溶液：ρ（KBH_4）＝20g/L。称取硼氢化钾10.0g，溶于500mL氢氧化钾溶液（S.3.1.2.7）中，混匀（此溶液于冰箱中可保存10d，常温下应当日使用）。

S.3.1.2.9 硫脲溶液：ρ（NH_2CSNH_2）＝50g/L。

S.3.1.2.10 砷标准储备溶液：ρ（As）＝1 000μg/mL。

S.3.1.2.11 砷标准溶液：ρ（As）＝100μg/mL。吸取1 000μg/mL砷标准储备溶液（S.3.1.2.10）10.0mL，用盐酸溶液（S.3.1.2.4）定容至100mL，混匀。

S.3.1.2.12 砷标准溶液：ρ（As）＝1μg/mL。吸取100μg/mL砷标准溶液（S.3.1.2.11）10.0mL，用水定容至1 000mL，混匀。

S.3.1.3 仪器和设备

S.3.1.3.1 通常实验室仪器。

S.3.1.3.2 原子荧光光度计，附有编码砷空心阴极灯。

S.3.1.3.3 电热板：温度在250℃内可调。

S.3.1.4 分析步骤

S.3.1.4.1 试样的制备

固体样品经多次缩分后，取出约100g，将其迅速研磨至全部通过0.50mm孔径筛（如样品潮湿，可通过1.00mm筛子），混合均匀，置于洁净、干燥容器中；液体样品经多次摇动后，迅速取出约100mL，置于洁净、干燥容器中。

S.3.1.4.2 试样溶液的制备

称取试样0.2g～2g（精确至0.000 1g）于100mL烧杯中，加入20mL王水（S.3.1.2.3），盖上表面皿，于150℃～200℃可调电热板上消化（建议先浸泡过夜）。烧杯内容物近干时，用滴管滴加盐酸（S.3.1.2.1）数滴，驱赶剩余硝酸，反复数次，直至再次滴加盐酸时无棕黄色烟雾出现为止。用少量水冲洗表面皿及烧杯内壁并继续煮沸5min，取下冷却，过滤，滤液直接收集于50mL容量瓶中。滤干后用少量水冲洗3次以上，合并于滤液中，加入10.0mL硫脲溶液（S.3.1.2.9）和3mL盐酸溶液（S.3.1.2.5），用水定容，混匀，放置至少30min后测试。

S.3.1.4.3 工作曲线的绘制

吸取砷标准溶液（S.3.1.2.12）0mL、0.50mL、1.00mL、1.50mL、2.00mL、2.50mL于6个50mL容量瓶中，加入10mL硫脲溶液（S.3.1.2.9）和3mL盐酸溶液（S.3.1.2.5），用水定容，混匀。此标准系列溶液砷的质量浓度为0ng/mL、10.00ng/mL、20.00ng/mL、30.00ng/mL、40.00ng/mL、50.00ng/mL。

根据原子荧光光度计使用说明书的要求，选择仪器的工作条件。

仪器参考条件：光电倍增管负高压270V；砷空心阴极灯电流45mA；原子化器温度200℃；高度9mm；氩气流速400mL/min；屏蔽气1 000mL/min。测量方式：荧光强度或浓度直读。读数方式：峰面积。积分时间：12s。

以盐酸溶液（S.3.1.2.4）和硼氢化钾溶液（S.3.1.2.8）为载流，砷含量为0的标准溶液为参比，测定各标准溶液的荧光强度。

以各标准溶液中砷的质量浓度（ng/mL）为横坐标，相应的荧光强度为纵坐标，绘制工作曲线。

S.3.1.4.4 测定

试样溶液直接（或适当稀释后）在与测定标准系列溶液相同的条件下，测定试样溶液的荧光强度，在工作曲线上查出相应砷的质量浓度（ng/mL）。

S.3.1.4.5 空白试验

除不加试样外，其他步骤同试样溶液的测定。

S.3.1.5 分析结果的表述

砷（As）的含量w以质量分数（mg/kg）表示，按式（S.2）计算：

$$w = \frac{(\rho - \rho_0)D \times 50}{m \times 10^3} \qquad （S.2）$$

式中： ρ ——由工作曲线查出的试样溶液砷的质量浓度，单位为纳克每毫升（ng/mL）；

　　　　ρ_0 ——由工作曲线查出的空白溶液砷的质量浓度，单位为纳克每毫升（ng/mL）；

　　　　D ——测定时试样溶液的稀释倍数；

　　　　50 ——试样溶液的体积，单位为毫升（mL）；

　　　　m ——试料的质量，单位为克（g）；

　　　　10^3 ——将克（g）换算成毫克（mg）的系数。

取平行测定结果的算术平均值为测定结果，结果保留到小数点后1位。

S.3.2 二乙基二硫代氨基甲酸银分光光度法

按GB/T 7686规定执行。

S.4　镉含量的测定

S.4.1　原子吸收分光光度法

S.4.1.1　原理

试样经王水消化后，试样溶液中的镉在空气-乙炔火焰中原子化，所产生的原子蒸气吸收从镉空心阴极灯射出的特征波长228.8nm的光，吸光度值与镉基态原子浓度成正比。

S.4.1.2　试剂和材料

本文件中所用试剂、水和溶液的配制，在未注明规格和配制方法时，均应按HG/T 3696规定执行。

S.4.1.2.1　盐酸，优级纯。

S.4.1.2.2　硝酸，优级纯。

S.4.1.2.3　王水：将盐酸（S.4.1.2.1）与硝酸（S.4.1.2.2）按体积比3∶1混合，放置20min后使用。

S.4.1.2.4　镉标准储备液：ρ（Cd）= 1mg/mL。

S.4.1.2.5　镉标准溶液：ρ（Cd）= 100μg/mL。吸取镉标准储备液（S.4.1.2.4）10.00mL于100mL容量瓶中，加入盐酸溶液（S.4.1.2.1）5mL，用水定容，混匀。

S.4.1.2.6　镉标准溶液：ρ（Cd）= 10μg/mL。吸取镉标准溶液（S.4.1.2.5）10.00mL于100mL容量瓶中，加入盐酸溶液（S.4.1.2.1）5mL，用水定容，混匀。

S.4.1.2.7　溶解乙炔。

S.4.1.3　仪器和设备

S.4.1.3.1　通常实验室仪器。

S.4.1.3.2 原子吸收分光光度计，附有空气-乙炔燃烧器及镉空心阴极灯。

S.4.1.3.3 电热板：温度在250℃内可调。

S.4.1.4 分析步骤

S.4.1.4.1 试样的制备

固体样品经多次缩分后，取出约100g，将其迅速研磨至全部通过0.50mm孔径筛（如样品潮湿，可通过1.00mm筛子），混合均匀，置于洁净、干燥容器中；液体样品经多次摇动后，迅速取出约100mL，置于洁净、干燥容器中。

S.4.1.4.2 试样溶液的制备

称取试样1g～5g（精确到0.001g），置于100mL烧杯中，用少量水润湿，加入20mL王水（S.4.1.2.3），盖上表面皿，在150℃～200℃电热板上微沸30min后，移开表面皿继续加热，蒸至近干，取下。冷却后加2mL盐酸（S.4.1.2.1），加热溶解，取下冷却，过滤，滤液直接收集于50mL容量瓶中，滤干后用少量水冲洗3次以上，合并于滤液中，定容，混匀。

S.4.1.4.3 标准曲线的绘制

分别吸取镉标准溶液（S.4.1.2.6）0mL、1.00mL、2.00mL、4.00mL、8.00mL、16.00mL、20.00mL于7个100mL容量瓶中，加入4mL盐酸（S.4.1.2.1），用水定容，混匀。此标准系列溶液镉的质量浓度分别为0μg/mL、0.10μg/mL、0.20μg/mL、0.40μg/mL、0.80μg/mL、1.60μg/mL、2.00μg/mL。在选定最佳工作条件下，于波长228.8nm处，使用空气-乙炔火焰，以镉含量为0的标准溶液为参比溶液调零，测定各标准溶液的吸光值。

以各标准溶液的镉的质量浓度（μg/mL）为横坐标，相应的吸光值为纵坐标，绘制工作曲线。

注：可根据不同仪器灵敏度调整标准曲线的质量浓度。

S.4.1.4.4 测定

试样溶液直接（或适当稀释后）在与测定标准系列溶液相同的条件下，测定其吸光值，在工作曲线上查出相应镉的质量浓度（μg/mL）。

S.4.1.4.5 空白试验

除不加试样外，其他步骤同试样溶液的测定。

S.4.1.5 分析结果的表述

镉（Cd）含量w以质量分数（mg/kg）表示，按式（S.3）计算：

$$w = \frac{(\rho - \rho_0)D \times 50}{m} \qquad （S.3）$$

式中： ρ ——由工作曲线查出的试样溶液中镉的质量浓度，单位为微克每毫升（μg/mL）；

ρ_0 ——由工作曲线查出的空白溶液中镉的质量浓度，单位为微克每毫升（μg/mL）；

D ——测定时试样溶液的稀释倍数；

50 ——试样溶液的体积，单位为毫升（mL）；

m ——试料的质量，单位为克（g）。

取平行测定结果的算术平均值为测定结果，结果保留到小数点后1位。

S.4.2 等离子体发射光谱法

S.4.2.1 原理

试样经王水消化后，试样溶液中的镉在ICP光源中原子化并激发至高能态，处于高能态的原子跃迁至基态时产生具有特征波长的电磁辐射，辐射强度与镉原子浓度成正比。

S.4.2.2 试剂和材料

本文件中所用试剂、水和溶液的配制，在未注明规格和配制方法时，均应按HG/T 3696规定执行。

S.4.2.2.1 盐酸，优级纯。

S.4.2.2.2 硝酸，优级纯。

S.4.2.2.3 王水：将盐酸（S.4.2.2.1）与硝酸（S.4.2.2.2）按体积比3∶1混合，放置20min后使用。

S.4.2.2.4 盐酸溶液：φ（HCl）= 50%。

S.4.2.2.5 镉标准储备液：ρ（Cd）= 1mg/mL。

S.4.2.2.6 镉标准溶液：ρ（Cd）= 100μg/mL。吸取镉标准储备液（S.4.2.2.5）10.00mL于100mL容量瓶中，加入盐酸溶液（S.4.2.2.4）5mL，用水定容，混匀。

S.4.2.2.7 镉标准溶液：ρ（Cd）= 20μg/mL。吸取镉标准溶液（S.4.2.2.6）20.00mL于100mL容量瓶中，加入盐酸溶液（S.4.2.2.4）5mL，用水定容，混匀。

S.4.2.2.8 高纯氩气。

S.4.2.3 仪器和设备

S.4.2.3.1 通常实验室仪器。

S.4.2.3.2 电热板：温度在250℃内可调。

S.4.2.3.3 等离子体发射光谱仪。

S.4.2.4 分析步骤

S.4.2.4.1 试样的制备

固体样品经多次缩分后，取出约100g，将其迅速研磨至全部通过0.50mm孔径筛（如样品潮湿，可通过1.00mm筛子），混合均匀，置于洁净、干燥容器中；液体样品经多次摇动后，迅速取出约100mL，置于洁净、干燥容器中。

S.4.2.4.2 试样溶液的制备

称取试样1g～5g（精确到0.001g），置于100mL烧杯中，加入20mL王水（S.4.2.2.3），盖上表面皿，在150℃～200℃电热板上微沸30min，烧杯内容物近干时，取下，用少量水冲洗表面皿及烧杯内壁。冷却后加2mL盐酸溶液（S.4.2.2.4），加热溶解，取下冷却，过滤，滤液直接收集于50mL容量瓶中，滤干后用少量水冲洗3次以上，合并于滤液中，定容，混匀。

S.4.2.4.3 工作曲线的绘制

分别吸取镉标准溶液（S.4.2.2.7）0mL、1.00mL、2.00mL、4.00mL、8.00mL、10.00mL于6个100mL容量瓶中，加入5mL盐酸溶液（S.4.2.2.4），用水定容，混匀。此标准系列溶液镉的质量浓度分别为0μg/mL、0.20μg/mL、0.40μg/mL、0.80μg/mL、1.60μg/mL、2.00μg/mL。

测定前，根据待测元素性质和仪器性能，进行氩气流量、观测高度、射频发生器功率、积分时间等测量条件优化。然后，用等离子体发射光谱仪在波长214.439nm处测定各标准溶液的辐射强度。以各标准溶液镉的质量浓度（μg/mL）为横坐标，相应的辐射强度为纵坐标，绘制工作曲线。

注：可根据不同仪器灵敏度调整标准曲线的质量浓度。

S.4.2.4.4 测定

试样溶液直接（或适当稀释后）在与测定标准系列溶液相同的条件下，测得镉的辐射强度，在工作曲线上查出相应镉的质量浓度（μg/mL）。

S.4.2.4.5 空白试验

除不加试样外，其他步骤同试样溶液的测定。

S.4.2.5 分析结果的表述

镉（Cd）含量w以质量分数（mg/kg）表示，按式（S.4）计算：

$$w = \frac{(\rho - \rho_0)D \times 50}{m} \qquad (S.4)$$

式中： ρ ——由工作曲线查出的试样溶液中镉的质量浓度，单位为微克每毫升（μg/mL）；

ρ_0 ——由工作曲线查出的空白溶液中镉的质量浓度，单位为微克每毫升（μg/mL）；

D ——测定时试样溶液的稀释倍数；

50 ——试样溶液的体积，单位为毫升（mL）；

m ——试料的质量，单位为克（g）。

取平行测定结果的算术平均值为测定结果，结果保留到小数点后1位。

S.5 铅含量的测定

S.5.1 原子吸收分光光度法

S.5.1.1 原理

试样经王水消化后，试样溶液中的铅在空气–乙炔火焰中原子化，所产生的原子蒸气吸收从铅空心阴极灯射出的特征波长283.3nm的光，吸光度值与铅基态原子浓度成正比。

S.5.1.2 试剂和材料

S.5.1.2.1 盐酸，优级纯。

S.5.1.2.2 硝酸，优级纯。

S.5.1.2.3 王水：将盐酸（S.5.1.2.1）与硝酸（S.5.1.2.2）按体积比3：1混合，放置20min后使用。

S.5.1.2.4 铅标准储备液：ρ（Pb）= 1mg/mL。

S.5.1.2.5 铅标准溶液：ρ（Pb）= 50μg/mL。吸取铅标准储备液（S.5.1.2.4）5.00mL于100mL容量瓶中，加入盐酸溶液（S.5.1.2.1）5mL，用水定容，混匀。

S.5.1.2.6 溶解乙炔。

S.5.1.3 仪器和设备

S.5.1.3.1 通常实验室仪器。

S.5.1.3.2 原子吸收分光光度计：附有空气−乙炔燃烧器及铅空心阴极灯。

S.5.1.3.3 电热板：温度在250℃内可调。

S.5.1.4 分析步骤

S.5.1.4.1 试样的制备

固体样品经多次缩分后，取出约100g，将其迅速研磨至全部通过0.50mm孔径筛（如样品潮湿，可通过1.00mm筛子），混合均匀，置于洁净、干燥容器中；液体样品经多次摇动后，迅速取出约100mL，置于洁净、干燥容器中。

S.5.1.4.2 试样溶液的制备

称取试样1g～5g（精确到0.001g），置于100mL烧杯中，用少量水润湿，加入20mL王水（S.5.1.2.3），盖上表面皿，在150℃～200℃电热板上微沸30min后，移开表面皿继续加热，蒸至近干，取下。冷却后加2mL盐酸（S.5.1.2.1），加热溶解，取下冷却，过滤，滤液直接收集于50mL容量瓶中，滤干后用少量水冲洗3次以上，合并于滤液中，定容，混匀。

S.5.1.4.3 标准曲线的绘制

分别吸取铅标准溶液（S.5.1.2.5）0mL、1.00mL、2.00mL、4.00mL、6.00mL、8.00mL、10.00mL于7个100mL容量瓶中，加入4mL盐酸（S.5.1.2.1），用水定容，混匀。此标准系列溶液铅的

质量浓度分别为0μg/mL、0.50μg/mL、1.00μg/mL、2.00μg/mL、3.00μg/mL、4.00μg/mL、5.00μg/mL。在选定最佳工作条件下，于波长283.3nm处，使用空气-乙炔火焰，以铅含量为0的标准溶液为参比溶液调零，测定各标准溶液的吸光值。

以各标准溶液铅的质量浓度（μg/mL）为横坐标，相应的吸光值为纵坐标，绘制工作曲线。

注：可根据不同仪器灵敏度调整标准曲线的质量浓度。

S.5.1.4.4 测定

试样溶液直接（或适当稀释后）在与测定标准系列溶液相同的条件下，测定其吸光值，在工作曲线上查出相应铅的质量浓度（μg/mL）。

S.5.1.4.5 空白试验

除不加试样外，其他步骤同试样溶液的测定。

S.5.1.5 分析结果的表述

铅（Pb）含量w以质量分数（mg/kg）表示，按式（S.5）计算：

$$w = \frac{(\rho - \rho_0)D \times 50}{m} \qquad (S.5)$$

式中： ρ ——由工作曲线查出的试样溶液中铅的质量浓度，单位为微克每毫升（μg/mL）；

ρ_0——由工作曲线查出的空白溶液中铅的质量浓度，单位为微克每毫升（μg/mL）；

D ——测定时试样溶液的稀释倍数；

50 ——试样溶液的体积，单位为毫升（mL）；

m ——试料的质量，单位为克（g）。

取平行测定结果的算术平均值为测定结果，结果保留到小数点后1位。

S.5.2 等离子体发射光谱法

S.5.2.1 原理

试样经王水消化后，试样溶液中的铅在ICP光源中原子化并激发至高能态，处于高能态的原子跃迁至基态时产生具有特征波长的电磁辐射，辐射强度与铅原子浓度成正比。

S.5.2.2 试剂和材料

S.5.2.2.1 盐酸，优级纯。

S.5.2.2.2 硝酸，优级纯。

S.5.2.2.3 王水：将盐酸（S.5.2.2.1）与硝酸（S.5.2.2.2）按体积比3：1混合，放置20min后使用。

S.5.2.2.4 盐酸溶液：φ（HCl）＝50%。

S.5.2.2.5 铅标准储备液：ρ（Pb）＝1mg/mL。

S.5.2.2.6 铅标准溶液：ρ（Pb）＝50μg/mL。吸取铅标准储备液（S.5.2.2.5）5.00mL于100mL容量瓶中，加入盐酸溶液（S.5.2.2.4）5mL，用水定容，混匀。

S.5.2.2.7 高纯氩气。

S.5.2.3 仪器和设备

S.5.2.3.1 通常实验室仪器。

S.5.2.3.2 电热板：温度在250℃内可调。

S.5.2.3.3 等离子体发射光谱仪。

S.5.2.4 分析步骤

S.5.2.4.1 试样的制备

固体样品经多次缩分后，取出约100g，将其迅速研磨至全部通过0.50mm孔径筛（如样品潮湿，可通过1.00mm筛子），混合均匀，置于洁净、干燥容器中；液体样品经多次摇动后，迅速取出约100mL，置于洁净、干燥容器中。

S.5.2.4.2 试样溶液的制备

称取试样1g～5g（精确到0.001g），置于100mL烧杯中，加入20mL王水（S.5.2.2.3），盖上表面皿，在150℃～200℃电热板上微沸30min，烧杯内容物近干时，取下，用少量水冲洗表面皿及烧杯内壁。冷却后加2mL盐酸溶液（S.5.2.2.4），加热溶解，取下冷却，过滤，滤液直接收集于50mL容量瓶中，滤干后用少量水冲洗3次以上，合并于滤液中，定容，混匀。

S.5.2.4.3 标准曲线的绘制

分别吸取铅标准溶液（S.5.2.2.6）0mL、1.00mL、2.00mL、4.00mL、8.00mL、10.00mL于6个100mL容量瓶中，加入5mL盐酸溶液（S.5.2.2.4），用水定容，混匀。此标准系列溶液铅的质量浓度分别为0μg/mL、0.50μg/mL、1.00μg/mL、2.00μg/mL、4.00μg/mL、5.00μg/mL。

测定前，根据待测元素性质和仪器性能，进行氩气流量、观测高度、射频发生器功率、积分时间等测量条件优化。然后，用等离子体发射光谱仪在波长220.353nm处测定各标准溶液的辐射强度。以各标准溶液铅的质量浓度（μg/mL）为横坐标，相应的辐射强度为纵坐标，绘制工作曲线。

注：可根据不同仪器灵敏度调整标准曲线的质量浓度。

S.5.2.4.4 测定

试样溶液直接（或适当稀释后）在与测定标准系列溶液相同的条件下，测得铅的辐射强度，在工作曲线上查出相应铅的质量浓度（μg/mL）。

S.5.2.4.5 空白试验

除不加试样外，其他步骤同试样溶液的测定。

S.5.2.5 分析结果的表述

铅（Pb）含量w以质量分数（mg/kg）表示，按式（S.6）

计算：

$$w = \frac{(\rho - \rho_0)D \times 50}{m} \qquad （S.6）$$

式中： ρ ——由工作曲线查出的试样溶液中铅的质量浓度，单位为微克每毫升（μg/mL）；

ρ_0 ——由工作曲线查出的空白溶液中铅的质量浓度，单位为微克每毫升（μg/mL）；

D ——测定时试样溶液的稀释倍数；

50 ——试样溶液的体积，单位为毫升（mL）；

m ——试料的质量，单位为克（g）。

取平行测定结果的算术平均值为测定结果，结果保留到小数点后1位。

S.6 铬含量的测定

S.6.1 原子吸收分光光度法

S.6.1.1 原理

试样经王水消化后，试样溶液中的铬在富燃性空气–乙炔火焰中原子化，所产生的原子蒸气吸收从铬空心阴极灯射出的特征波长357.9nm的光，吸光度值与铬基态原子浓度成正比。加焦硫酸钾作抑制剂，可消除试样溶液中钼、铅、铝、铁、镍和镁离子对铬测定的干扰。

S.6.1.2 试剂和材料

S.6.1.2.1 盐酸，优级纯。

S.6.1.2.2 硝酸，优级纯。

S.6.1.2.3 王水：将盐酸（S.6.1.2.1）与硝酸（S.6.1.2.2）按体积比3∶1混合，放置20min后使用。

S.6.1.2.4 焦硫酸钾溶液：ρ（$K_2S_2O_7$）= 100g/L。

S.6.1.2.5 铬标准储备液：ρ（Cr）= 1mg/mL。

S.6.1.2.6 铬标准溶液：ρ（Cr）= 50μg/mL。吸取铬标准储备液（S.6.1.2.5）5.00mL于100mL容量瓶中，加入盐酸溶液（S.6.1.2.1）5mL，用水定容，混匀。

S.6.1.2.7 溶解乙炔。

S.6.1.3 仪器和设备

S.6.1.3.1 通常实验室仪器。

S.6.1.3.2 原子吸收分光光度计，附有空气–乙炔燃烧器及铬空心阴极灯。

S.6.1.3.3 电热板：温度在250℃内可调。

S.6.1.4 分析步骤

S.6.1.4.1 试样的制备

固体样品经多次缩分后，取出约100g，将其迅速研磨至全部通过0.50mm孔径筛（如样品潮湿，可通过1.00mm筛子），混合均匀，置于洁净、干燥容器中；液体样品经多次摇动后，迅速取出约100mL，置于洁净、干燥容器中。

S.6.1.4.2 试样溶液的制备

称取试样1g～5g（精确到0.001g），置于100mL烧杯中，用少量水润湿，加入20mL王水（S.6.1.2.3），盖上表面皿，在150℃～200℃电热板上微沸30min后，移开表面皿继续加热，蒸至近干，取下。冷却后加2mL盐酸（S.6.1.2.1），加热溶解，取下冷却，过滤，滤液直接收集于50mL容量瓶中，滤干后用少量水冲洗3次以上，合并于滤液中，定容，混匀。

S.6.1.4.3 标准曲线的绘制

分别吸取铬标准溶液（S.6.1.2.6）0mL、1.00mL、2.00mL、4.00mL、6.00mL、8.00mL、10.00mL于7个100mL容量瓶中，加

入4mL盐酸（S.6.1.2.1）和20mL焦硫酸钾溶液（S.6.1.2.4），用水定容，混匀。此标准系列溶液铬的质量浓度分别为0μg/mL、0.50μg/mL、1.00μg/mL、2.00μg/mL、3.00μg/mL、4.00μg/mL、5.00μg/mL。在选定最佳工作条件下，于波长357.9nm处，使用富燃性空气–乙炔火焰，以铬含量为0的标准溶液为参比溶液调零，测定各标准溶液的吸光值。

以各标准溶液铬的质量浓度（μg/mL）为横坐标，相应的吸光值为纵坐标，绘制工作曲线。

注：可根据不同仪器灵敏度调整标准曲线的质量浓度。

S.6.1.4.4 测定

吸取一定量试样溶液于25mL容量瓶内，加入1mL盐酸（S.6.1.2.1）和5mL焦硫酸钾溶液（S.6.1.2.4），用水定容，混匀。在与测定标准系列溶液相同的条件下，测定其吸光值，在工作曲线上查出相应铬的质量浓度（μg/mL）。

S.6.1.4.5 空白试验

除不加试样外，其他步骤同试样溶液的测定。

S.6.1.5 分析结果的表述

铬（Cr）含量w以质量分数（mg/kg）表示，按式（S.7）计算：

$$w = \frac{(\rho - \rho_0)D \times 50}{m} \qquad (S.7)$$

式中：　ρ ——由工作曲线查出的试样溶液中铬的质量浓度，单位为微克每毫升（μg/mL）；

　　　　ρ_0 ——由工作曲线查出的空白溶液中铬的质量浓度，单位为微克每毫升（μg/mL）；

　　　　D ——测定时试样溶液的稀释倍数；

　　　　50 ——试样溶液的体积，单位为毫升（mL）；

m ——试料的质量，单位为克（g）。

取平行测定结果的算术平均值为测定结果，结果保留到小数点后1位。

S.6.2 等离子体发射光谱法

S.6.2.1 原理

试样经王水消化后，试样溶液中的铬在ICP光源中原子化并激发至高能态，处于高能态的原子跃迁至基态时产生具有特征波长的电磁辐射，辐射强度与铬原子浓度成正比。

S.6.2.2 试剂和材料

S.6.2.2.1 盐酸，优级纯。

S.6.2.2.2 硝酸，优级纯。

S.6.2.2.3 王水：将盐酸（S.6.2.2.1）与硝酸（S.6.2.2.2）按体积比3∶1混合，放置20min后使用。

S.6.2.2.4 盐酸溶液：φ（HCl）＝50%。

S.6.2.2.5 铬标准储备液：ρ（Cr）＝1mg/mL。

S.6.2.2.6 铬标准溶液：ρ（Cr）＝100μg/mL。吸取铬标准储备液（S.6.2.2.5）10.00mL于100mL容量瓶中，加入盐酸溶液（S.6.2.2.4）5mL，用水定容，混匀。

S.6.2.2.7 铬标准溶液：ρ（Cr）＝20μg/mL。吸取镉标准溶液（S.6.2.2.6）20.00mL于100mL容量瓶中，加入盐酸溶液（S.6.2.2.4）5mL，用水定容，混匀。

S.6.2.2.8 高纯氩气。

S.6.2.3 仪器和设备

S.6.2.3.1 通常实验室仪器。

S.6.2.3.2 电热板：温度在250℃内可调。

S.6.2.3.3 等离子体发射光谱仪。

S.6.2.4 分析步骤

S.6.2.4.1 试样的制备

固体样品经多次缩分后，取出约100g，将其迅速研磨至全部通过0.50mm孔径筛（如样品潮湿，可通过1.00mm筛子），混合均匀，置于洁净、干燥容器中；液体样品经多次摇动后，迅速取出约100mL，置于洁净、干燥容器中。

S.6.2.4.2 试样溶液的制备

称取试样1g～5g（精确到0.001g），置于100mL烧杯中，加入20mL王水（S.6.2.2.3），盖上表面皿，在150℃～200℃电热板上微沸30min，烧杯内容物近干时，取下，用少量水冲洗表面皿及烧杯内壁。冷却后加2mL盐酸溶液（S.6.2.2.4），加热溶解，取下冷却，过滤，滤液直接收集于50mL容量瓶中，滤干后用少量水冲洗3次以上，合并于滤液中，定容，混匀。

S.6.2.4.3 标准曲线的绘制

分别吸取铬标准溶液（S.6.2.2.7）0mL、1.00mL、2.00mL、4.00mL、8.00mL、10.00mL于6个100mL容量瓶中，加入5mL盐酸溶液（S.6.2.2.4），用水定容，混匀。此标准系列溶液铬的质量浓度分别为0μg/mL、0.20μg/mL、0.40μg/mL、0.80μg/mL、1.60μg/mL、2.00μg/mL。

测定前，根据待测元素性质和仪器性能，进行氩气流量、观测高度、射频发生器功率、积分时间等测量条件优化。然后，用等离子体发射光谱仪在波长267.716nm处测定各标准溶液的辐射强度。以各标准溶液铬的质量浓度（μg/mL）为横坐标，相应的辐射强度为纵坐标，绘制工作曲线。

注：可根据不同仪器灵敏度调整标准曲线的质量浓度。

S.6.2.4.4 测定

试样溶液直接（或适当稀释后）在与测定标准系列溶液相同

的条件下，测得铬的辐射强度，在工作曲线上查出相应铬的质量浓度（μg/mL）。

S.6.2.4.5 空白试验

除不加试样外，其他步骤同试样溶液的测定。

S.6.2.5 分析结果的表述

铬（Cr）含量w以质量分数（mg/kg）表示，按式（S.8）计算：

$$w = \frac{(\rho - \rho_0)D \times 50}{m} \qquad (\text{S.8})$$

式中： ρ ——由工作曲线查出的试样溶液中铬的质量浓度，单位为微克每毫升（μg/mL）；

ρ_0 ——由工作曲线查出的空白溶液中铬的质量浓度，单位为微克每毫升（μg/mL）；

D ——测定时试样溶液的稀释倍数；

50 ——试样溶液的体积，单位为毫升（mL）；

m ——试料的质量，单位为克（g）。

取平行测定结果的算术平均值为测定结果，结果保留到小数点后1位。

S.7 汞、砷含量的同时测定 原子荧光光谱法

S.7.1 原理

试样经消解后，加入硫脲使五价砷预还原为三价砷。在酸性介质中，硼氢化钾使汞还原成原子态汞，砷还原生成砷化氢，由氩气载入石英原子化器中，在特制的汞、砷空心阴极灯的发射光激发下产生原子荧光，利用荧光强度在特定条件下与被测液中的汞、砷浓度成正比的特性，对汞、砷进行测定。

S.7.2 试剂和材料

本节中所用试剂、水和溶液的配制，在未注明规格和配制方法时，均应按HG/T 3696规定执行。

S.7.2.1　盐酸，优级纯。

S.7.2.2　硝酸，优级纯。

S.7.2.3　王水：将盐酸（S.7.2.1）与硝酸（S.7.2.2）按体积比3∶1混合，放置20min后使用。

S.7.2.4　盐酸溶液：φ（HCl）= 3%。

S.7.2.5　盐酸溶液：φ（HCl）= 50%。

S.7.2.6　硝酸溶液：φ（HNO_3）= 3%。

S.7.2.7　氢氧化钾溶液：ρ（KOH）= 5g/L。

S.7.2.8　硼氢化钾溶液：ρ（KBH_4）= 20g/L。称取硼氢化钾10.0g，溶于500mL氢氧化钾溶液（S.7.2.7）中，混匀（此溶液于冰箱中可保存10d，常温下应当日使用）。

S.7.2.9　硫脲溶液：ρ（NH_2CSNH_2）= 50g/L。

S.7.2.10　重铬酸钾–硝酸溶液：ρ（$K_2Cr_2O_7$）= 0.5g/L。称取0.5g重铬酸钾溶解于1 000mL硝酸溶液（S.7.2.6）中。

S.7.2.11　汞标准储备溶液：ρ（Hg）= 1 000μg/mL。

S.7.2.12　砷标准储备溶液：ρ（As）= 1 000μg/mL。

S.7.2.13　汞标准溶液：ρ（Hg）= 10μg/mL。吸取1 000μg/mL汞标准储备溶液（S.7.2.11）10.0mL，用重铬酸钾–硝酸溶液（S.7.2.10）定容至1 000mL，混匀。

S.7.2.14　汞标准溶液：ρ（Hg）= 0.1μg/mL。吸取10μg/mL汞标准溶液（S.7.2.13）10.0mL，用重铬酸钾–硝酸溶液（S.7.2.10）定容至1 000mL，混匀。

S.7.2.15　砷标准溶液：ρ（As）= 100μg/mL。吸取1 000μg/mL

砷标准储备溶液（S.7.2.12）10.0mL，用盐酸溶液（S.7.2.4）定容至100mL，混匀。

S.7.2.16 砷标准溶液：ρ（As）= 1μg/mL。吸取100μg/mL砷标准溶液（S.7.2.15）10.0mL，用水定容至1 000mL，混匀。

S.7.3 仪器和设备

S.7.3.1 通常实验室仪器。

S.7.3.2 原子荧光光度计，附有编码砷、汞空心阴极灯。

S.7.3.3 电热板：温度在250℃内可调。

S.7.4 分析步骤

S.7.4.1 试样的制备

固体样品经多次缩分后，取出约100g，将其迅速研磨至全部通过0.50mm孔径筛（如样品潮湿，可通过1.00mm筛子），混合均匀，置于洁净、干燥容器中；液体样品经多次摇动后，迅速取出约100mL，置于洁净、干燥容器中。

S.7.4.2 试样溶液的制备

称取试样0.2g～2g（精确至0.000 1g）于100mL烧杯中，加入20mL王水（S.7.2.3），盖上表面皿，于150℃～200℃可调电热板上消化（建议先浸泡过夜）。烧杯内容物近干时，用滴管滴加盐酸（S.7.2.1）数滴，驱赶剩余硝酸，反复数次，直至再次滴加盐酸时无棕黄色烟雾出现为止。用少量水冲洗表面皿及烧杯内壁并继续煮沸5min，取下冷却，过滤，滤液直接收集于50mL容量瓶中。滤干后用少量水冲洗3次以上，合并于滤液中，加入10.0mL硫脲溶液（S.7.2.9）和3mL盐酸（S.7.2.5），用水定容，混匀，放置至少30min后测试。

S.7.4.3 混合工作曲线的绘制

吸取汞标准溶液（S.7.2.14）0mL、0.20mL、0.40mL、0.60mL、0.80mL、1.00mL，吸取砷标准溶液（S.7.2.16）0mL、0.50mL、1.00mL、1.50mL、2.00mL、2.50mL于6个50mL容量瓶中，加入10mL硫脲溶液（S.7.2.9）和3mL浓盐酸（S.7.2.5），用水定容，混匀。

此混合标准系列溶液的质量浓度为：汞0ng/mL、0.40ng/mL、0.80ng/mL、1.20ng/mL、1.60ng/mL、2.00ng/mL；砷0ng/mL、10.00ng/mL、20.00ng/mL、30.00ng/mL、40.00ng/mL、50.00ng/mL。

根据原子荧光光度计使用说明书的要求，选择仪器的工作条件。

仪器参考条件：光电倍增管负高压270V；汞空心阴极灯电流30mA；砷空心阴极灯电流45mA；原子化器温度200℃；高度9mm；氩气流速400mL/min；屏蔽气1 000mL/min。测量方式：荧光强度或浓度直读。读数方式：峰面积。积分时间：12s。

以盐酸溶液（S.7.2.4）和硼氢化钾溶液（S.7.2.8）为载流，汞、砷含量为0的标准溶液为参比，测定各标准溶液的荧光强度。

以各标准溶液汞、砷的质量浓度（ng/mL）为横坐标，相应的荧光强度为纵坐标，绘制工作曲线。

S.7.4.4 测定

试样溶液直接（或适当稀释后）在与测定标准系列溶液相同的条件下，测定试样溶液的荧光强度，在工作曲线上查出相应汞、砷的质量浓度（ng/mL）。

S.7.4.5 空白试验

除不加试样外，其他步骤同试样溶液的测定。

S.7.5 分析结果的表述

汞（Hg）或砷（As）的含量w以质量分数（mg/kg）表示，按式（S.9）计算：

$$w = \frac{(\rho - \rho_0)D \times 50}{m \times 10^3} \qquad (S.9)$$

式中： ρ ——由工作曲线查出的试样溶液汞或砷的质量浓度，单位为纳克每毫升（ng/mL）；

ρ_0 ——由工作曲线查出的空白溶液汞或砷的质量浓度，单位为纳克每毫升（ng/mL）；

D ——测定时试样溶液的稀释倍数；

50 ——试样溶液的体积，单位为毫升（mL）；

m ——试料的质量，单位为克（g）；

10^3 ——将克（g）换算成毫克（mg）的系数。

取平行测定结果的算术平均值为测定结果，结果保留到小数点后1位。

S.8 镉、铅、铬含量的测定 等离子体发射光谱法

S.8.1 原理

试样经王水消化后，试样溶液中的镉、铅、铬在ICP光源中原子化并激发至高能态，处于高能态的原子跃迁至基态时产生具有特征波长的电磁辐射，辐射强度与镉、铅、铬原子浓度成正比。

S.8.2 试剂和材料

本节中所用试剂、水和溶液的配制，在未注明规格和配制方法时，均应按HG/T 3696规定执行。

S.8.2.1 盐酸，优级纯。

S.8.2.2 硝酸，优级纯。

S.8.2.3 王水：将盐酸（S.8.2.1）与硝酸（S.8.2.2）按体积比3∶1混合，放置20min后使用。

S.8.2.4 盐酸溶液：φ（HCl）＝50%。

S.8.2.5 镉标准储备液：ρ（Cd）＝1mg/mL。

S.8.2.6 镉标准溶液：ρ（Cd）＝100μg/mL。吸取镉标准储备液（S.8.2.5）10.00mL于100mL容量瓶中，加入盐酸溶液（S.8.2.4）5mL，用水定容，混匀。

S.8.2.7 镉标准溶液：ρ（Cd）＝20μg/mL。吸取镉标准溶液（S.8.2.6）20.00mL于100mL容量瓶中，加入盐酸溶液（S.8.2.4）5mL，用水定容，混匀。

S.8.2.8 铅标准储备液：ρ（Pb）＝1mg/mL。

S.8.2.9 铅标准溶液：ρ（Pb）＝50μg/mL。吸取铅标准储备液（S.8.2.8）5.00mL于100mL容量瓶中，加入盐酸溶液（S.8.2.4）5mL，用水定容，混匀。

S.8.2.10 铬标准储备液：ρ（Cr）＝1mg/mL。

S.8.2.11 铬标准溶液：ρ（Cr）＝100μg/mL。吸取铬标准储备液（S.8.2.10）10.00mL于100mL容量瓶中，加入盐酸溶液（S.8.2.4）5mL，用水定容，混匀。

S.8.2.12 铬标准溶液：ρ（Cr）＝20μg/mL。吸取镉标准溶液（S.8.2.11）20.00mL于100mL容量瓶中，加入盐酸溶液（S.8.2.4）5mL，用水定容，混匀。

S.8.2.13 高纯氩气。

S.8.3 仪器和设备

S.8.3.1 通常实验室仪器。

S.8.3.2 电热板：温度在250℃内可调。

S.8.3.3 等离子体发射光谱仪。

S.8.4 分析步骤

S.8.4.1 试样的制备

固体样品经多次缩分后，取出约100g，将其迅速研磨至全部通过0.50mm孔径筛（如样品潮湿，可通过1.00mm筛子），混合均匀，置于洁净、干燥容器中；液体样品经多次摇动后，迅速取出约100mL，置于洁净、干燥容器中。

S.8.4.2 试样溶液的制备

称取试样1g～5g（精确到0.001g），置于100mL烧杯中，加入20mL王水（S.8.2.3），盖上表面皿，在150℃～200℃电热板上微沸30min，烧杯内容物近干时，取下，用少量水冲洗表面皿及烧杯内壁。冷却后加2mL盐酸溶液（S.8.2.4），加热溶解，取下冷却，过滤，滤液直接收集于50mL容量瓶中，滤干后用少量水冲洗3次以上，合并于滤液中，定容，混匀。

S.8.4.3 混合工作曲线的绘制

分别吸取镉标准溶液（S.8.2.7）、铅标准溶液（S.8.2.9）和铬标准溶液（S.8.2.12）0mL、1.00mL、2.00mL、4.00mL、8.00mL、10.00mL于6个100mL容量瓶中，加入5mL盐酸溶液（S.8.2.4），用水定容，混匀。此标准系列溶液镉的质量浓度分别为0μg/mL、0.20μg/mL、0.40μg/mL、0.80μg/mL、1.60μg/mL、2.00μg/mL，铅的质量浓度分别为0μg/mL、0.50μg/mL、1.00μg/mL、2.00μg/mL、4.00μg/mL、5.00μg/mL，铬的质量浓度分别为0μg/mL、0.20μg/mL、0.40μg/mL、0.80μg/mL、1.60μg/mL、2.00μg/mL。

测定前，根据待测元素性质和仪器性能，进行氩气流量、观测高度、射频发生器功率、积分时间等测量条件优化。然后，用等离子体发射光谱仪在各元素特征波长处（镉：214.439nm，铅：220.353nm，铬：267.716nm）测定各标准溶液的辐射强度。以各标准溶液的质量浓度（μg/mL）为横坐标，相应的辐射强度为纵坐标，绘制工作曲线。

注：可根据不同仪器灵敏度调整标准曲线的质量浓度。

S.8.4.4 测定

试样溶液直接（或适当稀释后）在与测定标准系列溶液相同的条件下，测得待测元素的辐射强度，在工作曲线上查出相应的质量浓度（μg/mL）。

S.8.4.5 空白试验

除不加试样外，其他步骤同试样溶液的测定。

S.8.5 分析结果的表述

待测元素含量 w 以质量分数（mg/kg）表示，按式（S.10）计算：

$$w = \frac{(\rho - \rho_0)D \times 50}{m} \quad\quad (S.10)$$

式中： ρ ——由工作曲线查出的试样溶液中待测元素的质量浓度，单位为微克每毫升（μg/mL）；

ρ_0 ——由工作曲线查出的空白溶液中待测元素的质量浓度，单位为微克每毫升（μg/mL）；

D ——测定时试样溶液的稀释倍数；

50 ——试样溶液的体积，单位为毫升（mL）；

m ——试料的质量，单位为克（g）。

取平行测定结果的算术平均值为测定结果，结果保留到小数点后1位。

T 畜禽粪肥 磺胺类药物的测定

T.1 范围

本节规定了畜禽粪肥中磺胺甲基嘧啶、磺胺氯哒嗪、磺胺邻二甲氧嘧啶和磺胺喹噁啉含量高效液相色谱测定的试验方法。

本节适用于畜禽粪肥固体样品。

T.2 原理

以甲醇为溶剂，经过振荡提取、浓缩、衍生化反应后，采用配有荧光检测器的液相色谱仪检测，外标法定量。

T.3 试剂和材料

本节所用试剂除特别注明外，均为分析纯。水为蒸馏水，色谱用水为去离子水，符合GB/T 6682用水的规定。

T.3.1 磺胺甲基嘧啶（SMI）：纯度大于98%。

T.3.2 磺胺氯哒嗪（SCP）：纯度大于98%。

T.3.3 磺胺邻二甲氧嘧啶（SDM′）：纯度大于98%。

T.3.4 磺胺喹噁啉（SQ）：纯度大于98%。

T.3.5 荧光胺（Fluorescamine）。

T.3.6 甲醇：色谱纯。

T.3.7 乙腈：色谱纯。

T.3.8 丙酮：色谱纯。

T.3.9 无水硫酸钠：优级纯。

T.3.10 磷酸二氢钠：优级纯。

T.3.11 乙酸：优级纯。

T.3.12 盐酸：优级纯。

T.3.13 药物混合标准储备液：准确称取SMI、SCP、SDM′和SQ各0.010 0g，用甲醇溶解转移至100mL棕色容量瓶，甲醇定容，制得100mg/L的混合标准储备液，于4℃保存。

T.3.14 药物混合标准工作溶液：准确从混合标准储备液中取10mL于100mL容量瓶中，用甲醇定容，得到10mg/L的混合工作母液，从混合工作母液中取若干用0.1mol/L的盐酸定容成所需浓度的工作液，现配现用。

T.4 仪器和设备

T.4.1 高效液相色谱仪：带荧光检测器。

T.4.2 氮吹浓缩仪。

T.4.3 超纯水发生器。

T.4.4 旋转蒸发仪。

T.4.5 空气浴恒温振荡器。

T.4.6 超声波清洗器。

T.4.7 涡旋混合器。

T.4.8 高速冷冻离心机。

T.4.9 0.45μm纤维滤膜。

T.5 分析步骤

T.5.1 试样的制备

样品经风干或冷冻干燥后，缩分至约100g，迅速研磨至全部通过0.5mm孔径试验筛（如样品潮湿，可通过1.00mm试验筛），混合均匀，置于洁净、干燥容器中。

T.5.2 试样溶液的制备

称取试样0.5g～1g（精确至0.000 1g）于50mL具塞离心管中，加入10g左右无水硫酸钠，25mL甲醇，拧紧盖子，置于振荡器上（温度30℃）提取30min，静置10min，将上清液过滤到150mL磨口三角瓶中（滤纸先用少量甲醇淋洗，在里面加入适量无水硫酸钠），离心管中剩下的残渣（稍微晃动下）再用甲醇重复提取2次，合并甲醇提取液，最后用5mL左右甲醇清洗滤纸上无水硫酸钠。将提取液旋转蒸发浓缩（42℃）至近干，再用氮气吹干。向三角瓶中准确加入5.0mL 0.1mol/L HCl溶解残渣（用超声波助溶），准确移取0.5mL该样品溶液或标准工作溶液，放入2mL样品瓶中，加入0.5mL乙酸钠缓冲溶液〔用1mol/L盐酸调节pH＝3〕，摇匀。再加入0.2mL荧光胺丙酮溶液，拧好瓶盖摇匀，放入18℃水浴中衍生化反应30min。衍生化后的样品溶液过0.45μm滤膜待测。

T.5.3 仪器参考条件

色谱柱：岛津C18柱（150mm×4.6mm，5μm），或相当者。

流动相：乙腈+乙酸（0.5%）＝40+60。

流速：1.2mL/min。

柱温：30℃。

进样量：20μL。

检测器波长：激发波长为405nm，发射波长为495nm。

T.5.4 标准曲线的绘制

按浓度由低到高进样检测，以标准系列溶液药物的质量浓度（mg/L）为横坐标，相应的峰面积为纵坐标，绘制标准曲线。

T.5.5 测定

将待测液在与测定标准系列溶液相同的条件下测定，在标准曲线上查出相应试样溶液中SMI、SCP、SDM′和SQ的质量浓度（mg/L）。

T.6 分析结果的表述

药物含量以质量分数w计，数值以毫克每千克（mg/kg）表示，按式（T.1）计算：

$$w = \frac{(\rho_1 - \rho_0)DV}{m} \qquad (\text{T.1})$$

式中：ρ_1——由标准曲线查出的试样溶液药物的质量浓度，单位为毫克每升（mg/L）；

ρ_0——由标准曲线查出的空白溶液药物的质量浓度，单位为毫克每升（mg/L）；

D——测定时试样溶液的稀释倍数；

V——试样溶液的体积，单位为毫升（mL）；

m——试料的质量，单位为克（g）。

取平行测定结果的算术平均值为测定结果，结果保留到小数点后1位。

U　畜禽粪肥　四环素类抗生素的测定

U.1　范围

本节规定了畜禽粪肥中四环素、土霉素和金霉素含量高效液相色谱测定的试验方法。

本节适用于畜禽粪肥固体样品。

U.2　原理

用0.1mol/L的Na_2EDTA–McIlvaine缓冲溶液提取畜禽粪肥中的四环素、土霉素和金霉素，经固相萃取小柱纯化萃取，高效液相色谱法测定，外标法定量分析。

U.3　试剂和材料

本节所用试剂除特别注明外，均为分析纯。水为蒸馏水，色谱用水为去离子水，符合GB/T 6682用水的规定。

U.3.1　四环素（TC）：纯度大于等于99%。

U.3.2　土霉素（OTC）：纯度大于等于99%。

U.3.3　金霉素（CTC）：纯度大于等于99%。

U.3.4　乙腈：色谱纯。

U.3.5　甲醇：色谱纯。

U.3.6　乙二胺四乙酸二钠。

U.3.7　磷酸氢二钠。

U.3.8　柠檬酸。

U.3.9　氢氧化钠。

U.3.10　盐酸。

U.3.11　草酸。

U.3.12 20%的三氯乙酸溶液：准确称取20.0g三氯乙酸，于100mL蒸馏水溶解定容。

U.3.13 0.2mol/L磷酸氢二钠溶液：准确称取磷酸氢二钠28.40g，用蒸馏水溶解，定容于1 000mL。

U.3.14 0.1mol/L柠檬酸溶液：准确称取柠檬酸21.00g，用蒸馏水溶解，定容于1 000mL。

U.3.15 McIlvaine缓冲溶液：将625mL 0.2mol/L磷酸氢二钠溶液与1 000mL 0.1mol/L柠檬酸溶液混合，用氢氧化钠或盐酸调pH＝4.0±0.05。

U.3.16 0.1mol/L Na_2EDTA–McIlvaine缓冲溶液：称取37.20g乙二胺四乙酸二钠放入1L McIlvaine缓冲溶液中，使其溶解，摇匀。

U.3.17 0.01mol/L草酸甲醇溶液：准确称取草酸1.26g，用甲醇溶解并定容于1 000mL容量瓶中。

U.3.18 抗生素混合标准储备液：分别精确称取TC、OTC和CTC各0.100g定容于100mL甲醇中，即得含有浓度均为1 000mg/L TC、OTC和CTC的混合标准储备液，于4℃保存。

U.3.19 抗生素混合标准工作溶液：准确称取混合标准储备液若干，用混合流动相定容成所需浓度的工作液，现配现用。

U.4 仪器和设备

U.4.1 高效液相色谱仪：配紫外检测器。

U.4.2 Oasis HLB固相萃取柱。

U.4.3 针筒式微孔滤膜。

U.4.4 固相萃取装置。

U.4.5 氮吹仪。

U.4.6 高速离心机。

U.4.7 超声波清洗器。

U.4.8 涡旋混合器。

U.5 分析步骤

U.5.1 试样的制备

样品经风干或冷冻干燥后，缩分至约100g，迅速研磨至全部通过0.5mm孔径试验筛（如样品潮湿，可通过1.00mm试验筛），混合均匀，置于洁净、干燥容器中。

U.5.2 试样溶液的制备

称取试样0.5g～1g（精确至0.000 1g）于50mL离心管中，加入Na_2EDTA–McIlvaine缓冲液3mL，涡旋混匀后，超声萃取15min，并在4℃以4 500r/min离心10min，将上清液倒入干净的离心管中，再重复提取2次，合并3次提取液，加入20%的三氯乙酸1mL，静置4h，再次以4 500r/min离心10min，上清液转入另一试管中待用。

将3mL甲醇和5mL蒸馏水依次加入固相萃取（SPE）小柱内，然后将以上提取液过柱，以1mL/min的流速流尽，再用3mL 5%的甲醇水溶液淋洗SPE小柱，以除去极性较大的干扰物，弃去淋洗液，并真空抽干10min。然后用3mL 0.01mol/L的草酸甲醇溶液洗脱，收集洗脱液并在45℃下用高纯氮气吹蒸干，用流动相定容至1mL，过0.22μm滤膜后转移至样品瓶中，用高效液相色谱仪测定。

U.5.3 仪器参考条件

色谱柱：C18（150mm×4.6mm，5μm），或相当者。

流动相：0.01mol/L草酸+乙腈+甲醇＝76+16+8。

流速：1mL/min。

柱温：25℃。

进样量：20μL。

检测波长：对TC、OTC和CTC标准液及其混合标准液进行紫外–可见扫描，获取特征波长值，结合特征波长值下的紫外色谱图，确定最适宜检测波长。

U.5.4 标准曲线的绘制

按浓度由低到高进样检测，以标准系列溶液抗生素的质量浓度（mg/L）为横坐标，相应的峰面积为纵坐标，绘制标准曲线。

U.5.5 测定

将待测液在与测定标准系列溶液相同的条件下测定，在标准曲线上查出相应试样溶液中TC、OTC和CTC的质量浓度（mg/L）。

U.6 分析结果的表述

抗生素含量以质量分数w计，数值以毫克每千克（mg/kg）表示，按式（U.1）计算：

$$w = \frac{(\rho_1 - \rho_0)DV}{m} \qquad (U.1)$$

式中：ρ_1——由标准曲线查出的试样溶液抗生素的质量浓度，单位为毫克每升（mg/L）；

ρ_0——由标准曲线查出的空白溶液抗生素的质量浓度，单位为毫克每升（mg/L）；

D——测定时试样溶液的稀释倍数；

V——试样溶液的体积，单位为毫升（mL）；

m——试料的质量，单位为克（g）。

取平行测定结果的算术平均值为测定结果，结果保留到小数点后1位。

V 畜禽粪肥 喹诺酮类抗生素的测定

V.1 范围

本节规定了畜禽粪肥中诺氟沙星、环丙沙星、洛美沙星和恩诺沙星含量高效液相色谱测定的试验方法。

本节适用于畜禽粪肥固体样品。

V.2 原理

样品中喹诺酮类抗生素用乙腈提取，提取液经过浓缩后，用液相色谱-荧光法测定，外标法定量。

V.3 试剂和材料

本节所用试剂除特别注明外，均为分析纯。水为蒸馏水，色谱用水为去离子水，符合GB/T 6682用水的规定。

V.3.1 诺氟沙星（NOR）：纯度大于98.0%。

V.3.2 环丙沙星（CIP）：纯度大于98.0%。

V.3.3 洛美沙星（LOM）：纯度大于98.0%。

V.3.4 恩诺沙星（ENF）：纯度大于98.0%。

V.3.5 乙腈：色谱纯。

V.3.6 甲醇：色谱纯。

V.3.7 甲酸：色谱纯。

V.3.8 乙酸：色谱纯。

V.3.9 氢氧化钠。

V.3.10 0.1mol/L氢氧化钠：称取0.4g氢氧化钠溶于100mL水中。

V.3.11 磷酸。

V.3.12　正己烷。

V.3.13　三乙胺。

V.3.14　0.05mol/L磷酸–三乙胺溶液：取磷酸3.4mL，用水溶解并稀释至1 000mL。用三乙胺调pH至2.4。

V.3.15　抗生素混合标准储备液：准确称取NOR、CIP 、LOM和ENF标准品各10.0mg置于100mL容量瓶中，用0.1mol/L氢氧化钠–甲醇（V/V＝1/99）溶解定容，得到质量浓度为100mg/L的混合标准储备液，并储存于4℃冰箱中。

V.3.16　抗生素混合标准工作溶液：准确移取混合标准储备液若干，用甲醇–水（V/V＝1/4）稀释标准储备液配制成喹诺酮类化合物浓度范围为0.05mg/L～1.00mg/L的混合标准溶液，现配现用。

V.4　仪器和设备

V.4.1　高效液相色谱仪：配荧光检测器。

V.4.2　HLB固相萃取小柱。

V.4.3　超纯水系统。

V.4.4　色谱柱。

V.4.5　滤膜。

V.4.6　固相萃取装置。

V.4.7　氮吹浓缩仪。

V.4.8　高速离心机。

V.4.9　超声波清洗器。

V.4.10　涡旋混合器。

V.4.11　冷冻干燥机。

Ⅴ.5　分析步骤

Ⅴ.5.1　试样的制备

样品经风干或冷冻干燥后，缩分至约100g，迅速研磨至全部通过0.5mm孔径试验筛（如样品潮湿，可通过1.00mm试验筛），混合均匀，置于洁净、干燥容器中。

Ⅴ.5.2　试样溶液的制备

称取试样0.5g～1g（精确至0.000 1g）置于50mL离心管中，加入3mL乙腈和3mL正己烷，浸泡过夜。于恒温振荡器漩涡10min，超声萃取15min，在10℃下以12 000r/min离心10min，静置分层1min。将上层旨在去除提取液中脂类的正己烷用尖头滴管吸弃，将下层含有目标化合物的乙腈提取液转移至蒸发瓶中。重复上述操作步骤提取2次。合并提取液，利用旋转蒸发仪在40℃左右水浴中减压蒸发至近干。再用乙腈和0.086mol/L磷酸（V/V＝15/85）混合液超声复溶，并定容至1mL，过0.22μm滤膜，供高效液相色谱分析用。

Ⅴ.5.3　仪器参考条件

色谱柱：C18（250mm×4.6mm，粒径5μm），或相当者。

流动相：0.05mol/L磷酸溶液-三乙胺+乙腈＝90+10。

流速：1.8mL/min。

柱温：30 ℃。

进样量：20μL。

检测波长：激发波长280nm；发射波长450nm。

V.5.4 标准曲线的绘制

按浓度由低到高进样检测，以标准系列溶液抗生素的质量浓度（mg/L）为横坐标，相应的峰面积为纵坐标，绘制标准曲线。

V.5.5 测定

将待测液在与测定标准系列溶液相同的条件下测定，在标准曲线上查出相应试样溶液中NOR、CIP、LOM和ENF的质量浓度（mg/L）。

V.6 分析结果的表述

抗生素含量以质量分数w计，数值以毫克每千克（mg/kg）表示，按式（V.1）计算：

$$w = \frac{(\rho_1 - \rho_0)DV}{m} \qquad （V.1）$$

式中：ρ_1——由标准曲线查出的试样溶液抗生素的质量浓度，单位为毫克每升（mg/L）；

ρ_0——由标准曲线查出的空白溶液抗生素的质量浓度，单位为毫克每升（mg/L）；

D——测定时试样溶液的稀释倍数；

V——试样溶液的体积，单位为毫升（mL）；

m——试料的质量，单位为克（g）。

取平行测定结果的算术平均值为测定结果，结果保留到小数点后1位。

W 畜禽粪肥 大环内酯类抗生素的测定

W.1 范围

本节规定了畜禽粪肥中红霉素和罗红霉素含量高效液相色谱测定的试验方法。

本节适用于畜禽粪肥固体样品。

W.2 原理

样品中红霉素和罗红霉素用0.1mol/L的$Na_2EDTA-McIlvaine$缓冲溶液提取，经过固相萃取小柱净化，洗脱液经氮气吹干后，用高效液相色谱法测定，外标法定量。

W.3 试剂和材料

本节所用试剂除特别注明外，均为分析纯。水为蒸馏水，色谱用水为去离子水，符合GB/T 6682用水的规定。

W.3.1 红霉素：纯度大于等于99%。

W.3.2 罗红霉素：纯度大于等于99%。

W.3.3 甲醇：色谱纯。

W.3.4 乙腈：色谱纯。

W.3.5 磷酸二氢铵。

W.3.6 磷酸氢二钠。

W.3.7 磷酸。

W.3.8 柠檬酸。

W.3.9 氢氧化钠。

W.3.10 盐酸。

W.3.11 0.03mol /L的磷酸二氢铵溶液：准确称取柠檬酸

3.45g，用蒸馏水溶解，定容于1 000mL。并用磷酸调pH至2.0。

W.3.12　0.2mol/L磷酸氢二钠溶液：准确称取磷酸氢二钠28.40g，用蒸馏水溶解，定容于1 000mL。

W.3.13　0.2mol/L柠檬酸溶液：准确称取柠檬酸42.00g，用蒸馏水溶解，定容于1 000mL。

W.3.14　0.1mol/L Na$_2$EDTA–McIlvaine缓冲溶液：将0.2mol/L磷酸氢二钠溶液与0.2mol/L柠檬酸溶液按照8∶5（V∶V）混合，用氢氧化钠或盐酸调pH为4.5。

W.3.15　红霉素和罗红霉素混合标准储备液：准确称取红霉素和罗红霉素60mg，分别溶于10mL甲醇中，配制成6.0g/L的混合标准储备液，于4℃保存。

W.3.16　红霉素和罗红霉素混合标准工作溶液：从混合标准储备液中取若干，用混合流动相定容成所需浓度的工作液，现配现用。

W.4　仪器和设备

W.4.1　高效液相色谱仪和紫外检测器。

W.4.2　固相萃取小柱。

W.4.3　填料。

W.4.4　色谱柱。

W.4.5　针筒式微孔滤膜。

W.4.6　固相萃取装置。

W.4.7　氮吹仪。

W.4.8　高速离心机。

W.4.9　超声波清洗器。

W.4.10　涡旋混合器。

W.5 分析步骤

W.5.1 试样的制备

样品经风干或冷冻干燥后，缩分至约100g，迅速研磨至全部通过0.5mm孔径试验筛（如样品潮湿，可通过1.00mm试验筛），混合均匀，置于洁净、干燥容器中。

W.5.2 试样溶液的制备

称取试样0.5g～1g（精确至0.000 1g）于50mL离心管中，加入15mL 0.1mol/L EDTA-McIlvaine提取液，涡旋10s后超声萃取15min，4 500r/min离心10min后收集上清液。重复萃取2次后，合并2次上清液，并用玻璃纤维滤膜过滤。Oasis HLB固相萃取柱依次用10mL甲醇和10mL去离子水活化；将EDTA-McIlvaine提取液以约1mL/min的速度通过固相萃取柱，接着用10mL去离子水清洗小柱以去除EDTA，真空抽干30min，然后用5mL甲醇洗脱，流速约为1mL/min。洗脱液氮气吹干，1mL甲醇定容，过0.22μm滤膜后转移至样品瓶中，待高效液相色谱检测。

W.5.3 仪器参考条件

色谱柱：Agilent ZORBAX SBC18（250mm×4.6mm，5μm），或相当者。

流动相：A为0.03mol/L的磷酸二氢铵溶液，并用磷酸调pH至2.0，B为乙腈。初始95% A；20min时逐渐降低至40% A；25min时一直保持40%A。

流速：1mL/min。

柱温：25 ℃。

进样量：20μL。

检测波长：210nm。

W.5.4 标准曲线的绘制

按浓度由低到高进样检测，以标准系列溶液抗生素的质量浓度（mg/L）为横坐标，相应的峰面积为纵坐标，绘制标准曲线。

W.5.5 测定

将待测液在与测定标准系列溶液相同的条件下测定，在标准曲线上查出相应试样溶液中红霉素和罗红霉素的质量浓度（mg/L）。

W.6 分析结果的表述

抗生素含量以质量分数w计，数值以毫克每千克（mg/kg）表示，按式（W.1）计算：

$$w = \frac{(\rho_1 - \rho_0)DV}{m} \qquad (W.1)$$

式中：ρ_1——由标准曲线查出的试样溶液抗生素的质量浓度，单位为毫克每升（mg/L）；

ρ_0——由标准曲线查出的空白溶液抗生素的质量浓度，单位为毫克每升（mg/L）；

D——测定时试样溶液的稀释倍数；

V——试样溶液的体积，单位为毫升（mL）；

m——试料的质量，单位为克（g）。

取平行测定结果的算术平均值为测定结果，结果保留到小数点后1位。

X 畜禽粪肥 11种抗菌药物的测定

X.1 范围

本节规定了畜禽粪肥中土霉素、金霉素、磺胺二甲嘧啶等11种抗菌药物含量高效液相色谱测定的试验方法。

本节适用于畜禽粪肥固体样品。

X.2 原理

样品经过超声提取、离心、有机滤膜过滤、固相萃取小柱净化以及浓缩处理后，采用配有紫外检测器的液相色谱仪检测，外标法定量。

X.3 试剂和材料

本节所用试剂除特别注明外，均为分析纯。水为蒸馏水，色谱用水为去离子水，符合GB/T 6682用水的规定。

X.3.1 土霉素（OTC）、金霉素（CTC）、磺胺二甲嘧啶（SDMe）、磺胺甲噁唑（SMZ）、磺胺噻唑（ST）、环丙沙星（CIP）、诺氟沙星（NOR）、恩诺沙星（ENR）、氯霉素（CAP）、泰乐菌素（TYL）、磺胺间甲氧嘧啶（SMN），购于德国DR公司。

X.3.2 甲醇（色谱纯）。

X.3.3 乙腈（色谱纯）。

X.3.4 磷酸氢二钠。

X.3.5 乙二胺四乙酸二钠。

X.3.6 磷酸。

X.3.7 氢氧化钠。

X.3.8 盐酸。

X.3.9 柠檬酸。

X.3.10 正己烷。

X.3.11 丙酮。

X.3.12 提取液的配制：称取一定量的柠檬酸和磷酸氢二钠，分别配制成0.1和0.2mol/L的溶液，柠檬酸溶液和磷酸氢二钠溶液按照8∶5（V/V）混合，配制成EDTA–McIlvaine缓冲溶液，用氢氧化钠或盐酸调pH＝4.0。甲醇、乙腈与丙酮按2∶2∶1（V/V/V）混合，配制成有机混合提取液，以磷酸调至pH＝4.0。

X.3.13 抗菌药物标准储备液：准确称取上述11种抗菌药物目标物标准品各10mg于10mL棕色容量瓶中，喹诺酮类用0.01mol/L氢氧化钠溶解并定容至10mL，四环素类、磺胺类、氯霉素及泰乐菌素用甲醇溶解并定容，配制成1g/L单标储备液，于4℃避光保存。

X.3.14 抗菌药物混合标准工作溶液：准确移取各种单标储备液，用棕色容量瓶配制各种浓度的混合标准溶液（0.5mg/L、2.0mg/L、5.0mg/L、10.0mg/L、50.0mg/L和100mg/L），现配现用。

X.4 仪器和设备

X.4.1 高效液相色谱仪，配紫外检测器。

X.4.2 冷冻干燥机。

X.4.3 旋转蒸发仪。

X.4.4 旋涡混合器。

X.4.5 超声波清洗机。

X.4.6 离心机。

X.4.7 十二孔固相萃取装置。

X.4.8 0.45μm微孔有机尼龙滤膜，0.22μm微孔滤膜。

X.4.9 Oasis HLB固相萃取柱。

X.5 分析步骤

X.5.1 试样的制备

样品经风干或冷冻干燥后，缩分至约100g，迅速研磨至全部通过0.5mm孔径试验筛（如样品潮湿，可通过1.00mm试验筛），混合均匀，置于洁净、干燥容器中。

X.5.2 试样溶液的制备

称取试样0.5g～1g（精确至0.000 1g），首先加入10mL EDTA-McIlvaine缓冲液涡旋混匀30s，常温超声15min，在4℃下8 000r/min离心15min，上清液转移至另外棕色容器中，重复提取1次，再分别用5mL有机混合提取液（$V_{甲醇}/V_{乙腈}/V_{丙酮}＝2/2/1$）重复提取2次，步骤同上。合并提取液，离心，加入10mL正己烷去脂后，过0.45μm滤膜，将过膜后液体在旋转蒸发仪旋蒸至3mL～5mL，用于净化。

HLB固相萃取小柱使用前依次用5mL甲醇和10mL超纯水活化。将以上提取液以3mL～5mL流速过柱，用5mL的15%甲醇溶液淋洗HLB小柱并抽干，用10mL的65%甲醇溶液洗脱目标抗生素，洗脱液于旋转蒸发仪旋蒸至0.1mL以下，用甲醇定容至1mL，过0.22μm膜，上机待测。

X.5.3 仪器参考条件

色谱柱：Agilent Eclipse Plus C18（150mm×4.6mm，3.5μm）。
流动相：A为0.1%甲酸溶液，B为甲醇+乙腈＝50+50；梯度洗脱顺序：0min～18min，80% A；18min～20min，80%～40% A；20min～30min，40% A；30min～32min，40%～80% A；32min～35min，80% A。

流速：0.6mL/min。

柱温：35 ℃。

进样量：20μL。

检测波长：274nm。

X.5.4 标准曲线的绘制

按浓度由低到高进样检测，以标准系列溶液抗菌药物的质量浓度（mg/L）为横坐标，相应的峰面积为纵坐标，绘制标准曲线。

X.5.5 测定

将待测液在与测定标准系列溶液相同的条件下测定，在标准曲线上查出相应试样溶液中OTC、CTC、SDMe等11种抗菌药物的质量浓度（mg/L）。

X.6 分析结果的表述

抗菌药物含量以质量分数w计，数值以毫克每千克（mg/kg）表示，按式（X.1）计算：

$$w = \frac{(\rho_1 - \rho_0)DV}{m} \qquad (X.1)$$

式中：ρ_1——由标准曲线查出的试样溶液抗菌药物的质量浓度，
单位为毫克每升（mg/L）；

ρ_0——由标准曲线查出的空白溶液抗菌药物的质量浓度，
单位为毫克每升（mg/L）；

    D ——测定时试样溶液的稀释倍数；

    V ——试样溶液的体积，单位为毫升（mL）；

    m ——试料的质量，单位为克（g）。

    取平行测定结果的算术平均值为测定结果，结果保留到小数点后1位。

Y 畜禽粪肥 样品采集与制备

Y.1 范围

本节规定了畜禽粪肥样品采集中采样点布设、采样、样品运输、试样制备的技术要求。

本节适用于畜禽粪肥固体样品和液体样品的采集与制备。

Y.2 样品采集

Y.2.1 固体样品采集

Y.2.1.1 采样物品准备

Y.2.1.1.1 工具

锹或锄头、不锈钢土铲、取土器、竹片以及适合特殊采样要求的工具。

Y.2.1.1.2 器具

台秤（±1g）、聚乙烯样品自封袋（30cm×20cm）、分样盘、塑料布或塑料盆等用于现场缩分样品的工具、保温样品箱、照相机、卷尺等。

Y.2.1.1.3 文具

样品标签、记号笔、签字笔、资料夹等。

Y.2.1.1.4 安全防护用品

工作服、工作鞋、鞋套、手套、口罩、工作帽、药品箱等。

Y.2.1.2 采样点布设

Y.2.1.2.1 舍内粪肥的采样点布设

猪舍：在保育舍、育成育肥舍和繁殖母猪分别随机抽取30头、30头和10头进行粪肥收集及采样。

牛舍：对不同类型牛舍随机选取不少于5头进行粪肥收集及采样。

鸡舍：对不同类型鸡舍随机选取不少于400只进行粪肥收集及采样。

Y.2.1.2.2　堆放粪肥的采样点布设

有粪肥堆放的养殖场，采样点的布设应覆盖所有堆放点。

Y.2.1.3　采样时间

保证3d有效采样。

Y.2.1.4　采样过程

Y.2.1.4.1　舍内粪肥采样

对采样点收集的舍内粪肥进行称重，记录畜禽粪肥收集信息，包括养殖场（区）名称、地址、粪肥重、饲养阶段、日龄、体重、头数、记录时间等。

将称重后的粪肥混合均匀，用四分法缩分约1kg。

Y.2.1.4.2　堆放粪肥采样

在每个堆放粪肥采样点分别由底部自下而上每20cm取样1次，每次取样约500g，放在塑料布或塑料盆中，混匀后采用四分法取2份样品，分别编号，每份样品约1kg。

Y.2.1.5　样品标签

样品名称及编号、采样时间及地点、预处理方式、采样人等。

Y.2.1.6　采样记录

①养殖场地址、采样时间与地点；②动物种类、数量及饲养类型；③动物饲养阶段、粪肥堆放时间；④样品性状，如颜色、气味等；⑤样品现场预处理方式；⑥其他。

Y.2.1.7　样品运输

Y.2.1.7.1　样品在运输前应逐一核对样品标签和采样记录，分类装箱。

Y.2.1.7.2 样品在运输过程宜低温保存，避免在运输中破损、日光照射。

Y.2.2 液体样品采集

Y.2.2.1 采样物品准备

Y.2.2.1.1 工具

采样器（1L）、样品瓶、样品混合桶（20L）、预处理桶（5L）、保温样品箱等。

Y.2.2.1.2 器具

便携式pH计（1±0.1）～（14±0.1）、温度计（0±0.1）℃～（40±0.1）℃、玻璃棒、照相机、卷尺、手电等。

Y.2.2.1.3 文具

样品标签、记号笔、签字笔、资料夹等。

Y.2.2.1.4 安全防护用品

工作服、工作鞋、鞋套、手套、口罩、工作帽、药品箱等。

Y.2.2.2 采样布点

Y.2.2.2.1 有污水处理设施

采样点布设在污水处理设施之前和处理设施最后一级的出水口。

Y.2.2.2.2 无污水处理设施

采样点布设在污水总排放口。

Y.2.2.3 采样时间和频率

根据养殖场污水排放规律安排采样时间，每次连续采样3d。

Y.2.2.4 采样

Y.2.2.4.1 采样位置

在采样点垂直水面下5cm～30cm处。

Y.2.2.4.2　污水样品采集

采集量水槽或调解池污水样品时，应在对角线上选择不少于3个位置进行采样，搅拌均匀后采集瞬时水样，将多点污水样品混合制成混合样。

采集排水渠或排水管污水样品时宜采用流量比例采样，将同一采样点采集的污水样品混合制成混合样。

采样时，要先用采样水荡洗采样器与水样容器2次～3次，然后再将水样采入容器中，贴好标签。

检测单一项目的采样量按HJ/T 91规定执行，检测多个项目的污水样品量应增加；每个样品至少有1个平行样。

现场测定：将pH计及温度计浸入排水渠或调节池水面以下5cm，读数稳定后记录pH和温度。

Y.2.2.5　样品标签

样品名称及编号、采样时间及地点、预处理方式、采样人等。

Y.2.2.6　采样记录

①养殖场地址、采样时间与地点；②动物种类、数量及饲养类型；③样品性状，如颜色、气味、混浊程度等；④样品现场预处理方式；⑤现场水温、pH、天气状况；⑥其他。

Y.2.2.7　样品运输

Y.2.2.7.1　样品在运输前应逐一核对采样记录和样品标签，分类装箱，还要防止新的污染物进入容器和沾污瓶口污染水样。

Y.2.2.7.2　为防止样品在运输过程中发生变化，应对样品低温保存。

Y.2.2.7.3　包装箱和包装的盖子按HJ 494中相关要求执行。

Y.2.2.7.4　样品的保存

污水样品应尽快送至检测实验室分析化验。污水样品保存条件按HJ 493规定执行。

Y.3　试样制备

固体样品经风干或冷冻干燥后，缩分至约100g，迅速研磨至全部通过0.5mm孔径试验筛（如样品潮湿，可通过1.00mm试验筛），混合均匀，置于洁净、干燥容器中。液体样品经多次摇匀后，迅速取出约100mL，置于洁净、干燥容器中。

附录

规范性引用文件

下列文件对于本指南相关章节的应用是必不可少的。凡是注日期的引用文件，仅注日期的版本适用于本指南。凡是不注日期的引用文件，其最新版本（包括所有的修改单）适用于本指南。

GB/T 6679　固体化工产品采样通则

GB/T 6682　分析实验室用水规格与试验方法

GB/T 7686　化工产品中砷含量测定的通用方法

GB/T 8170　数值修约规则与极限数值的表示和判定

HG/T 3696　无机化工产品　化学分析用标准溶液、制剂及制品的制备

NY/T 525—2012　有机肥料

NY/T 2542　肥料　总氮含量的测定

参 考 文 献
REFERENCES

国家环境保护局，国家技术监督局，1997. 土壤质量 铜、锌的测定 火焰原子吸收分光光度法soil quality – determination of copper and zinc – flame and electrothermal atomic absorption spectrometric methods. GB/T 17138—1997 [S]. 北京：中国标准出版社.

国家环境保护总局，2002. 地表水和污水监测技术规范 Technical Specifications Requirements for Monitoring of Surface Water and Waste Water. HJ/T 91—2002 [S]. 北京：中国环境出版社.

何金华，丘锦荣，贺德春，等，2012. 高效液相色谱–荧光检测法同时测定畜禽粪便中4种磺胺类药物残留 [J]. 环境化学，31(9)：1436–1441.

胡献刚，罗义，周启星，等，2008. 固相萃取–高效液相色谱法测定畜禽粪便中13种抗生素药物残留 [J]. 分析化学，36(9)：1162–1166.

环境保护部，2009. 水质 采样技术指导Water quality-guidance on sampling techniques. HJ 494—2009 [S]. 北京：中国环境科学出版社.

环境保护部，2009. 水质采样样品的保存和管理技术规定 Water quality sampling–technical regulation of the preservation and hanling of samples. HJ 493—2009 [S]. 北京：中国环

境科学出版社.

李艳霞, 李帷, 张雪莲, 等, 2012. 固相萃取–高效液相色谱法同时检测畜禽粪便中14种兽药抗生素 [J]. 分析化学, 40(2): 213-217.

李云辉, 吴小莲, 莫测辉, 等, 2011. 畜禽粪便中喹诺酮类抗生素的高效液相色谱–荧光分析方法 [J]. 江西农业学报, 23(8): 147-150.

鲁如坤, 2000. 土壤农业化学分析方法 [M]. 北京: 中国农业科技出版社.

罗庆, 孙丽娜, 胡筱敏, 2014. 固相萃取–高效液相色谱法测定畜禽粪便中罗红霉素和3种四环素类抗生素 [J]. 分析试验室, 33(8): 885-888.

孙刚, 袁守军, 彭书传, 等, 2010. 固相萃取–高效液相色谱法测定畜禽粪便中的土霉素、金霉素和四环素 [J]. 环境化学, 29(4): 739-743.

中华人民共和国国家质量监督检验检疫总局, 中国标准化管理委员会, 2010. 有机肥料中土霉素、四环素、金霉素与强力霉素的含量测定　高效液相色谱法Determination of oxytetracyline, tetracyline, chlortetracycline and doxycycline content for organic fertilizers. GB/T 32951—2016 [S]. 北京: 中国标准出版社.

中华人民共和国国家质量监督检验检疫总局，中国标准化管理委员会，2011. 畜禽养殖污水采样技术规范Technical specifications for waste water sampling of livestock and poultry farm. GB/T 27522—2011［S］. 北京：中国标准出版社.

中华人民共和国国家质量监督检验检疫总局，中国标准化管理委员会，2010. 畜禽粪便监测技术规范Technical specifications for monitoring of animal manure. GB/T 25169—2010［S］. 北京：中国标准出版社.

中华人民共和国农业部，2010. 肥料 汞、砷、镉、铅、铬含量的测定Determination of mercury，arsenic，cadmium，lead and chromium content for fertilizers. NY/T 1978—2010［S］. 北京：中国农业出版社.

中华人民共和国农业部，2010. 水溶肥料 钙、镁、硫、氯含量的测定Water-soluble fertilizers-Determination of calcium，magnesium，sulphur and chlorine content. NY/T 1117—2010［S］. 北京：中国农业出版社.

中华人民共和国农业部，2010. 水溶肥料 钠、硒、硅含量的测定Water-soluble fertilizers-Determination of sodium，Selenium，silicon content. NY/T 1972—2010［S］. 北京：中国农业出版社.

中华人民共和国农业部，2010. 水溶肥料 铜、铁、锰、锌、硼、钼含量的测定Water-soluble fertilizers-Determination of copper，iron，manganese，zinc，boron，molybdenum content. NY/T 1974—2010〔S〕. 北京：中国农业出版社.

中华人民共和国农业部，2014. 肥料 钾含量的测定 Fertilizers-Determination of potassium content. NY/T 2540—2014〔S〕. 北京：中国农业出版社.

中华人民共和国农业部，2014. 肥料 硝态氮、铵态氮、酰胺态氮含量的测定Fertilizers-Determination of nitrate nitrogen，ammonium nitrogen，amide nitrogen contents. NY/T 1116—2014〔S〕. 北京：中国农业出版社.

中华人民共和国农业部，2014. 肥料 磷含量的测定 Fertilizers-Determination of phosphorus content. NY/T 2541—2014〔S〕. 北京：中国农业出版社.

中华人民共和国农业部，2014. 肥料 总氮含量的测定 Fertilizers-Determination of total nitrogen content. NY/T 2542—2014〔S〕. 北京：中国农业出版社.

中华人民共和国农业部，2015. 肥料和土壤调理剂 有机质分级测定Fertilizers and soil amendments-Grading determination of organic matters. NY/T 2876—2015〔S〕. 北京：中国农业出版社.